ZHINENG CHUANGANQI CHANYE
ZHUANLI DAOHANG

行业专利导航丛书

智能传感器产业
专利导航

主　编◎马毓昭　　副主编◎吕荣波

知识产权出版社

全国百佳图书出版单位

—北京—

图书在版编目（CIP）数据

智能传感器产业专利导航/马毓昭主编；吕荣波副主编. —北京：知识产权出版社，2022.7

ISBN 978 - 7 - 5130 - 8215 - 0

Ⅰ.①智…　Ⅱ.①马…②吕…　Ⅲ.①传感器—专利—研究—天津　Ⅳ.①TP212 - 18

中国版本图书馆 CIP 数据核字（2022）第 107931 号

内容提要

本书以智能传感器产业为视角，通过对智能传感器产业结构及布局导向、企业研发及布局导向、技术创新及布局导向、协同创新热点方向、专利运用热点方向等内容的分析，明确智能传感器产业发展方向；同时梳理天津市智能传感器产业现状、产业特点和知识产权发展现状，从产业结构优化、人才培养引进等方面规划天津市智能传感器产业发展路径，提供决策建议。

责任编辑：尹　娟　　　　　　　　　　责任印制：孙婷婷

智能传感器产业专利导航

ZHINENG CHUANGANQI CHANYE ZHUANLI DAOHANG

马毓昭　主　编
吕荣波　副主编

出版发行：知识产权出版社有限责任公司		网　　址：http：//www.ipph.cn	
电　　话：010 - 82004826		http：//www.laichushu.com	
社　　址：北京市海淀区气象路 50 号院		邮　　编：100081	
责编电话：010 - 82000860 转 8702		责编邮箱：yinjuan@cnipr.com	
发行电话：010 - 82000860 转 8101		发行传真：010 - 82000893	
印　　刷：北京中献拓方科技发展有限公司		经　　销：各大网上书店、新华书店及相关专业书店	
开　　本：720mm×1000mm 1/16		印　　张：12	
版　　次：2022 年 7 月第 1 版		印　　次：2022 年 7 月第 1 次印刷	
字　　数：230 千字		定　　价：78.00 元	
ISBN 978 - 7 - 5130 - 8215 - 0			

编 委 会

主　编　马毓昭

副主编　吕荣波

编　委　曹志霞　李晓凤　杜衍辉

目 录
CONTENTS

第一章　研究概况

1.1　研究背景

　　实施专利导航可以发挥专利信息资源对产业运行决策的引导力，突出产业发展科学规划新优势；可以发挥专利制度对产业创新资源的配置力，形成产业创新体系新优势；可以发挥专利保护对产业竞争市场的控制力，培育产业竞争力发展新优势；可以发挥专利集成运用对产业运行效益的支撑力，实现产业价值增长新优势；可以发挥专利资源在产业发展格局中的影响力，打造产业地位新优势。

　　传感器是完成信息感知和信号转换的设备集合，是物联网、大数据、人工智能、智能制造等新一代信息技术的感知基础和数据来源，已成为推动经济转型升级与高质量发展的关键基础与重要引擎。为尽早地占领全球市场，世界知名企业及科研院所均在智能传感器产业链的各个环节大量布局专利。

　　本书以天津市智能传感器产业为视角，通过对智能传感器产业结构及布局导向、企业研发及布局导向、技术创新及布局导向、协同创新热点方向、专利运用热点方向等内容的分析，明确智能传感器产业发展方向；同时梳理天津市智能传感器产业现状、产业特点和知识产权发展现状，从产业结构优化、招商引智、人才培养及引进、研发方向指引、专利布局及专利运营等方面规划天津市智能传感器产业发展路径，提供决策建议，同时为中国其他省市智能传感器产业发展提供参考和借鉴。

1.2　研究对象及检索范围

1.2.1　产业技术分解

　　由于传感器种类繁多，在确定研究对象时，通过资料收集、企业调研和专家访谈等方式，项目组全面了解智能传感器技术领域，根据中国高端芯片联盟和中国信息通信研究院发布的《智能传感器产业地图》，工业和信息化部（以下简称工信部）电子信息司发布的《智能传感器型谱体系与发展战略白皮书(2019 版)》，中国仪器仪表行业协会传感器分会、中国仪器仪表学会传感器分会、中国仪器仪表学会仪表元件分会及传感器国家工程研究中心四部门联合发布的《中国传感器（技术、产业）发展蓝皮书》以及中国半导体行业协会知识产权工作部发布的《中国集成电路行业知识产权年度报告》，选取智能传感器产业链设计、制造、封装、测试四个产业环节，并基于天津市的重点发展方向，确定了技术分解图，划分为 4 个技术一级、13 个技术二级、25 个技术三级（见图 1−1）。

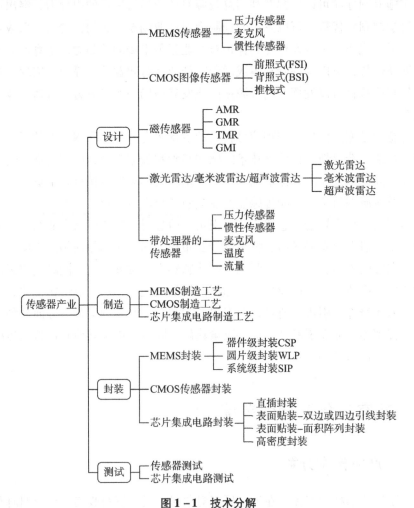

图 1−1 技术分解

1.2.2 专利检索及结果

1. 数据库名称和简介

使用的专利工具为：中国知识产权大数据与智慧服务系统（DI Inspiro）、智慧芽全球专利数据库（PatSnap）等。

DI Inspiro 是由知识产权出版社有限责任公司开发创设的国内第一个知识产权大数据应用服务系统。目前，DI Inspiro 已经整合了国内外专利、商标、版权、判例、标准、科技期刊、地理标志、植物新品种和集成电路布图设计九大类数据资源，实现了数据的检索、分析、关联、预警、产业导航和用户自建库等多种功能，旨在为全球科技创新和知识产权保护提供更优质、更高效的知识产权信息服务。

PatSnap 是一款全球专利检索数据库，整合了从 1790 年至今全球 116 个国家或地区超过 1.4 亿条专利数据、1.37 亿条文献数据、97 个国家或地区的公司财务数据。提供公开、实质审查、授权、撤回、驳回、期限届满、未缴年费等法律状态数据，还包括专利许可、诉讼、质押、海关备案等法律事件数据。支持中文、英文、日文、法文、德文 5 种检索语言；提供智能检索、高级检索、命令检索、批量检索、分类号检索、语义检索、扩展检索、法律检索、图像检索、文献检索 10 大检索方式，其中图像检索覆盖 53 个国家或地区的外观设计数据。

2. 检索范围

围绕智能传感器产业，检索范围为全球，涵盖世界绝大多数国家和地区的专利数据，包含美国、日本、韩国、德国、法国、中国，以及组织如欧洲专利局（EPO）和世界知识产权组织（WIPO）等。

3. 检索数据

所有数据的检索截止日期为 2021 年 2 月 28 日，共检索到全球专利 704 984 件，其中中国专利 143 373 件。表 1 - 1 为智能传感器产业专利检索数据。

表 1 - 1　智能传感器产业专利检索数据　　　　（单位：件）

一级技术	全球专利	二级技术	全球专利	三级技术	全球专利
设计	253 597	MEMS 传感器	13 074	压力传感器	1484
				麦克风	2575
				惯性传感器（陀螺仪、加速度计、惯性组合传感器）	2369

续表

一级技术	全球专利	二级技术	全球专利	三级技术	全球专利
设计	253 597	CMOS 图像传感器	35 745	前照式（FSI）	17 758
				背照式（BSI）	14 376
				堆栈式	3327
		磁传感器	27 253	AMR	2226
				GMR	1200
				TMR	883
				GMI	60
		激光/毫米波/超声波雷达	10 114	激光雷达	8446
				毫米波雷达	1220
				超声波雷达	448
		带处理器的传感器	29 792	压力传感器	1730
				惯性传感器	446
				麦克风	1234
				温度	1553
				流量	440
制造	311 260	MEMS 制造工艺	18 090	—	
		CMOS 制造工艺	3322		
		芯片集成电路制造工艺	291 866		
封装	138 881	MEMS 传感器封装	2353	器件级封装 CSP	69
				圆片级封装 WLP	303
				系统级封装 SIP	211
		CMOS 传感器封装	170	—	
		芯片集成电路封装	137 590	直插封装	616
				表面贴装 - 双边或四边引线封装	1590
				表面贴装 - 面积阵列封装	25 722
				高密度封装	7276
测试	20 639	传感器测试	4323	—	
		集成电路测试	16 374		

1.2.3 专利文献的去噪

由于分类号和关键词的特殊性，导致查全得到的专利文献中必定会含有一定数量超出分析边界的噪声文献，因此需要对查全得到的专利文献进行噪声文献的剔除，即专利文献的去噪。本研究主要通过去除噪声关键词对应的专利文献再结合人工去噪进行。首先提取噪声文献检索要素，找出引入噪声的关键词，对涉及这些关键词的专利文献进行剔除。在完成噪声关键词去噪后对被清理的专利文献进行人工处理，找回被误删的专利文献，最终得到待分析的专利文献集合。

1.2.4 检索结果的评估

对检索结果的评估贯穿在整个检索过程中，在查全与去噪过程中需要分阶段对所获得的数据文献集合进行查全率与查准率的评估，保证查全率与查准率均在80%以上，以确保检索结果的客观性。

1. 查全率

查全率是指检出的相关文献量与检索系统中相关文献总量的比率，是衡量信息检索系统检出相关文献能力的尺度。

专利文献集合的查全率定义如下：设 S 为待验证的待评估查全专利文献集合，P 为查全样本专利文献集合（P 集合中的每一篇文献都必须要与分析的主题相关，即"有效文献"），则查全率 r 可以定义为：$r = \text{num}(P \cap S)/\text{num}(P)$ 其中，$P \cap S$ 表示 P 与 S 的交集，num（ ）表示集合中元素的数量。

评估方法：本研究各技术主题根据各自检索的实际情况，分别采取分类号、关键词等方式进行查全评估，如 CMOS 传感器选择了重点企业的重要发明人团队、行业中的著名申请人构建样本集；智能传感器设计则采用申请人和主要传感器类型结合的验证方式。

2. 查准率

专利文献集合的查准率定义如下：设 S 为待评估专利文献集合中的抽样样本，S' 为 S 中与分析主题相关的专利文献，则待验证的集合的查准率 p 可定义为：$p = \text{num}(S')/\text{num}(S)$ 其中，num（ ）表示集合中元素的数量。

评估方法：各技术主题根据各自实际情况，采用各技术分支抽样人工阅读的方式进行查准评估。

最终，本研究的查全率与查准率都已经做到各自技术主题的最优平衡。

1.2.5 检索后的数据处理

专利检索分解后，依据研究内容分解后的技术内容对采集的数据进行加工整理，本研究内容的数据处理包括数据规范化和数据标引。数据规范化是加工过程的第一阶段，是后续工作开展的基础，直接影响数据分析的结论。首先对专利信息和非专利数据采集信息按照特定的格式进行数据整理，规范化处理，保证统一、稳定地输出规范，形成直观和便于统计的 Excel 文件，生成完整、形式规范的数据信息。然后根据分析目标，以达到深度分析的目的，对专利文献作出相应的数据标引，标引结果的准确性和精确性也直接影响专利分析的结果。

1.2.6 相关数据约定及术语解释

1. 数据完整性

本研究的检索截止日期为 2021 年 2 月 28 日。由于发明专利申请自申请日（有优先权的自优先权日）起 18 个月公布，实用新型专利申请在授权后公布（其公布的滞后程度取决于审查周期的长短），而 PCT 专利申请可能自申请日起 30 个月甚至更长时间才进入国家阶段，其对应的国家公布时间就更晚。因此，检索结果中包含的 2019 年之后的专利申请量比真实的申请量要少，具体体现为分析图表可能出现各数据在 2019 年之后突然下滑的现象。

2. 申请人合并

对申请人字段进行清洗处理。专利申请人字段往往出现不一致情况，如申请人字段"A（集团）公司""B（集团）公司""C（集团）公司"，将这些申请人公司名称统一；另外对前后使用不同名称而实际属于同一家企业的申请人统一为现用名；对于部分企业的全资子公司的申请全部合并到母公司申请。

3. 对专利"件"和"项"数的约定

本研究涉及全球专利数据和中文专利数据。在全球专利数据中，将同一项发明创造在多个国家申请而产生的一组内容相同或基本相同的系列专利申请，称为同族专利，将这样的一组同族专利视为一"项"专利申请。在中文专利数据库中，针对同一申请号的申请文本和授权文本等视为同一"件"专利。

4. 同族专利约定

在全球专利数据分析时，存在一件专利在不同国家申请的情况，这些发明内容相同或相关的申请被称为专利族。优先权完全相同的一组专利被称为狭义同族，具有部分相同优先权的一组专利被称为广义同族。本研究的同族专利指的是狭义同族，即一件专利如进行海外布局则为一组狭义同族。

5. 有关法律状态的说明

有效专利：到检索截止日为止，专利权处于有效状态的专利申请。

失效专利：到检索截止日为止，已经丧失专利的专利或者自始至终未获得授权的专利申请，包括被驳回、视为撤回或撤回、被无效、未缴纳年费、放弃专利权、专利权届满等无效专利。

审中专利：该专利申请可能还未进入实质审查程序或者处于实质审查程序中。

6. 其他约定

PCT 是《专利合作条约》的英文缩写。根据 PCT 的规定，专利申请人可以通过 PCT 途径递交国际专利申请，向多个国家申请专利，由世界知识产权组织（WIPO）进行国际公开，经过国际检索、国际初步审查等国际阶段之后，专利申请人可以办理进入指定国家的手续，最后由该指定国的专利局对该专利申请进行审查，符合该国专利法规定的，授予专利权。

中国申请指在中国大陆受理的全部相关专利申请，即包含国外申请人以及本国申请人向中国国家知识产权局提交的专利申请。

国内申请指专利申请人地址为在中国大陆的申请主体，向中国国家知识产权局提交的相关专利申请。

在华申请指国外申请人在中国国家知识产权局的相关专利申请。

第二章　智能传感器产业基本情况分析

2.1　全球智能传感器产业现状

2.1.1　智能传感器产业发展历程

全球智能传感器发展历程如图 2-1 所示。

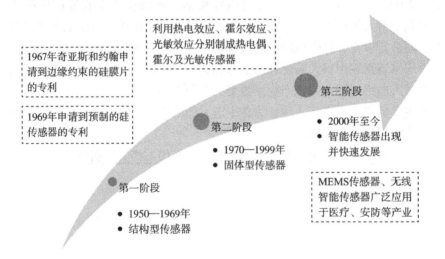

1967年奇亚斯和约翰申请到边缘约束的硅膜片的专利

1969年申请到预制的硅传感器的专利

利用热电效应、霍尔效应、光敏效应分别制成热电偶、霍尔及光敏传感器

第三阶段

第二阶段

- 2000年至今
- 智能传感器出现并快速发展

- 1970—1999年
- 固体型传感器

MEMS传感器、无线智能传感器广泛应用于医疗、安防等产业

第一阶段

- 1950—1969年
- 结构型传感器

图 2-1　全球智能传感器发展历程

传感器发展历程大体经历了三个阶段：

第一代是结构型传感器，它利用结构参量变化或由它们引起某种场的变化来反应被测量的大小和变化（如利用结构的位移或力的作用产生电阻、电容或电感值的变化）。❶结构型传感器虽属早期开发的产品，但近年来由于新材料、新原理、新工艺的相继开发，在精确度、可靠性、稳定性、灵敏度等方面

---

❶　中国电子技术标准化研究院. 智能传感器型谱体系与发展战略白皮书（2019 版）［EB/OL］.
［2021 - 02 - 07］. https：//jz. docin. com/p - 2347519668. html.

有了很大的提高。目前结构型传感器在工业自动化、过程检测等方面仍占有相当大的比重。

第二代是 20 世纪 70 年代发展起来的固体传感器（如用半导体、电介质、磁性材料等固体元件制作的传感器），它利用某些材料自身的物理特性在被测量的作用下发生变化，从而将被测量转化为电信号或其他信号输出。[1] 如利用热电效应、霍尔效应、光敏效应，分别制成热电偶传感器、霍尔传感器、光敏传感器。这类传感器基于物性变化，无运动部件，结构简单，体积小；运动响应好，且输出为电量；易于集成化、智能化；低功耗、安全可靠。虽然优势很多，但线性度差、温漂大、过载能力差、性能参数离散大。70 年代后期，随着集成技术、分子合成技术、微电子技术及计算机技术的发展，出现集成传感器。集成传感器包括 2 种类型：传感器本身的集成化和传感器与后续电路的集成化，如电荷耦合器件（CCD），集成温度传感器 AD 590，集成霍尔传感器 UG 3501 等。这类传感器主要具有成本低、可靠性高、性能好、接口灵活等特点。集成传感器发展非常迅速，现已占传感器市场的 2/3 左右，正向着低价格、多功能和系列化方向发展。

第三代传感器是智能传感器，2000 年开始，传感技术和产品的发展朝着具有感、知、联一体化功能的智能传感器方向发展，智能传感器的概念最早是由美国宇航局在研发宇宙飞船过程中提出来的，它是指具有信息采集、信息处理、信息交换、信息存储等功能的多元件集成电路，是集传感器、通信芯片、微处理器、驱动程序、软件算法等于一体的系统级产品。《传感器通用术语》（GB/T 7665—2005）对智能化传感器的定义为：对传感器自身状态具有一定的自诊断、自补偿、自适应以及双向通讯功能的传感器。根据《智能传感器第 3 部分：术语》（GB/T 33905.3—2017）中的定义，智能传感器是具有与外部系统双向通信手段，用于发送测量、状态信息，接收和处理外部命令的传感器。20 世纪 80 年代智能化测量主要以微处理器为核心，把传感器信号调节电路、微型计算机、存储器及接口集成到一块芯片上，使传感器具有一定的人工智能。90 年代智能化测量技术有了进一步的提高，使其具有自诊断功能、记忆功能、多参量测量功能以及联网通信功能等。智能传感器向多功能、分布式、智能化、无线网络化方向发展。

根据《物联网总体技术智能传感器特性与分类》（GB/T 34069—2017）中描述，智能传感器是由传感单元、智能计算单元和接口单元组成，如图 2 - 2 所示。

---

[1] 中国电子技术标准化研究院. 智能传感器型谱体系与发展战略白皮书（2019 版）[EB/OL].
[2021 - 02 - 07]. https://jz.docin.com/p - 2347519668.html.

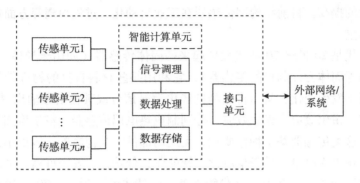

图 2-2 智能传感器结构

智能传感器技术发展的共性需求集中在小型化、网络化、数字化、低功耗、高灵敏度和低成本，传感材料、MEMS 芯片、驱动程序和应用软件是智能传感器的核心技术，特别是 MEMS 芯片由于具有体积小、重量轻、功耗低、可靠性高并能与微处理器集成等特点，已成为智能传感器的重要载体。

2.1.2 智能传感器产业规模及行业格局

1. 市场规模

2010 年全球传感器行业市场规模已达 720 亿美元。2013 年全球传感器行业市场规模突破千亿美元。截至 2017 年，全球传感器行业市场规模增长至 1955 亿美元，同比增长 12.29%。初步测算 2018 年全球传感器行业市场规模将突破 2000 亿美元，达到 2059 亿美元左右，同比增长 5.32%。据工信部电子信息司发布的《智能传感器型谱体系与发展战略白皮书（2019 版）》记载，2019 年智能传感器市场约占传感器市场的 1/4。全球传感器市场规模增长情况如图 2-3 所示。

2. 市场区域结构

全球传感器市场中，美国、德国、日本具有良好的技术基础，产业上下游配套成熟，市场份额合计占到近七成，主导着全球传感器市场，几乎垄断了高、精、尖智能传感器市场。全球主要国家智能传感器市场份额占比如图 2-4 所示。

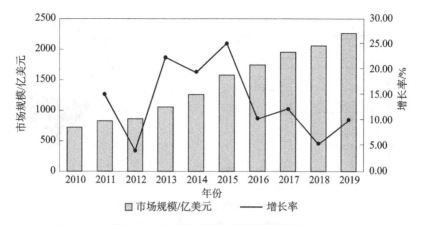

图2-3 全球传感器市场规模增长情况

资料来源：Ofweek. 全球传感器市场一直保持高速增长［EB/OL］. ［2021-01-17］. http：//www. elecfans. com/d/1304972. html.

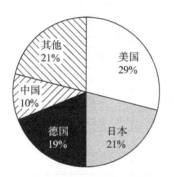

图2-4 全球主要国家智能传感器市场份额占比

资料来源：前瞻产业研究院. 中国传感器制造行业发展前景与投资预测分析报告［EB/OL］. ［2021-01-15］. https：//www. taodocs. com/p-497753626. html.

3. 市场产业结构

2019年全球传感器市场结构如图2-5所示。汽车领域市场规模491.2亿美元，占比最高，达到32.3%；消费电子领域市场规模269.2亿美元，占比17.7%；工业领域市场规模269.2亿美元，占比22.7%；环境领域市场规模86.7亿美元，占比5.7%。

各类智能传感器市场对比情况见表2-1，其中MEMS麦克风、CMOS图像传感器被预测发展前景极好，高端惯性传感器、磁传感器、气体传感器被预测发展前景很好。

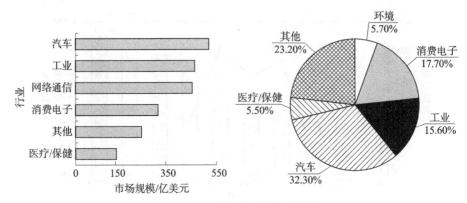

图 2 - 5　2019 年全球传感器市场结构

资料来源：赵振越. 2019 年传感器市场数据 [EB/OL]. [2021 - 01 - 18]. https：//www. sohu. com/a/379444796_781358.

表 2 - 1　各类智能传感器市场对比情况

智能传感器产品类型	细分类型	2017 年预估市场/亿美元	2022 年预估市场/亿美元	年复合增长率/%	发展评价
压力传感器	MEMS 压力传感器	1.6	1.93	3.8	☆
惯性传感器	高端惯性传感器	3.1	3.9	5	☆ ☆
磁传感器	磁传感器	1.75	2.5	7	☆ ☆
声学传感器	MEMS 麦克风	1.11	1.9	11	☆ ☆ ☆
光学传感器	CMOS 图像传感器	13.9	21.78	9.4	☆ ☆ ☆
气体传感器	气体传感器	0.76	1	5.7	☆ ☆

注：☆☆☆表示发展前景极好，☆☆表示发展前景很好，☆表示发展前景乐观。

资料来源：中国电子技术标准化研究院. 智能传感器型谱体系与发展战略白皮书（2019 版）[EB/OL]. [2021 - 02 - 07]. https：//jz. docin. com/p - 2347519668. html.

4. 重点企业

全球智能传感器市场的主要厂商有霍尼韦尔、西门子、博世、意法半导体、ABB、欧姆龙等，领先厂商智能传感器主要产品和应用领域见表 2 - 2。中国传感器市场中 70% 的份额都被外资企业占据。

表 2 - 2　全球智能传感器市场领先厂商传感器产品详情

企业名称	所属国家	主要领域	主要产品
霍尼韦尔	美国	航空航天、国防、住宅及楼宇自动化控制和工业控制、交通运输、医疗	压力传感器，温度、湿度、红外、超声波、磁阻、霍尔、电流传感器

续表

企业名称	所属国家	主要领域	主要产品
意法半导体	瑞士	汽车电子、工业控制、医疗电子、消费电子、通信、计算机	压力、加速度传感器，MEMS 射频器件、陀螺仪
飞思卡尔	美国	汽车电子、消费电子	压力、加速度传感器
博世	德国	汽车电子、消费电子	压力、加速度传感器
PCB	美国	航空、航天、船舶、兵器、核工业、石化、水力、电力、轻工、交通和车辆	加速度、压力、力扭矩、冲击、振动、声学及水声测量的传感器和配套的仪器设备
ABB	瑞士	电流、电压测量、电力、动力机车、工业机器人	容性、电流、感性、光电、超声波、电压传感器
MEAS	美国	航天航空、国防军工、机械设备、工业自动控制，汽车电子、医疗、家用电器、暖通空调、石油化工、气象检测、仪器仪表	压力、位移、磁敏、霍尔、加速度、振动湿度、温度、液体特性、红外、光电、压电薄膜传感器
欧姆龙	日本	工业自动化控制系统、电子元器件、汽车电子、社会系统以及健康医疗设备	温/湿度传感器、开关量传感器
西门子	德国	工业、能源和医疗业务领域	温度/压力传感器、工业传感器

2.1.3　优势国家/地区行业政策

近年来，随着全球范围内磁敏产业、传感器及芯片相关技术领域的蓬勃发展和产业规模的不断扩大，世界各国和组织积极出台了多项国家级战略政策和规划，本节将对美国、欧盟、德国、日本等产业政策进行归纳总结。

1. 美国

美国作为世界第一大经济体，在传感器、集成电路、芯片、智能制造业等领域占据世界领先地位，政府一直以来也高度重视创新驱动对经济发展的引领作用，近年来不断出台相关政策和计划，开创领先于世界的新产业，力争成为全球创新的领导者。

在 2010 年，美国国家纳米技术计划（NNI）发布了《2020 及未来纳米电子器件发展》（Nanoelectronics for 2020 and Beyond）计划，确定了五大重点研究领域，并把"探索用于感应的新技术，包括电子自旋器件、磁器件和量子细胞自动机"等作为其第一重大领域；同年，美国国家自然科学基金会（NFS）提出"自旋电子科学的发展及应用将预示着第四次工业革命的到来"。自旋电子科学的发展与应用，强烈预示着以调控自旋为基础的新时代将在未来取代调控电荷的时代，磁电子器件的研发和产业化很有可能成为世界第四次产业革命的导火索。

2012 年，美国政府发布了阐述如何激活美国制造的创新力并维持美国在全球先进制造业领导地位的《先进制造业国家战略计划》。2018 年，特朗普政府再次发布《美国先进制造业领导战略》，提出通过发展和推广新的制造技术等来确保美国国家安全和经济繁荣。在技术方面，明确了捕获智能制造系统的未来、开发世界领先的材料和加工技术、保持在电子设计和制造方面的领先地位等多个战略目标和任务，还将智能和数字制造系统、人工智能、高性能材料、关键材料、半导体设计工具和制造、新材料、器件和架构作为重点的技术发展方向。作为先进制造业的重要组成，先进传感器、工业机器人、先进制造测试设备等得到了美国政府、企业各层面的高度重视，创新机制得到不断完善，相关技术产业呈现出良好发展势头。

美国政府在相关重点发展领域推出众多研发计划。例如，在电子信息领域，美国商务部、国防部、能源部等部门联合执行网络与信息技术研究发展（NITRD）项目，致力于加速发展和部署先进的网络信息技术。作为 NITRD 的执行机构，美国国防高级研究计划局（Defense Advanced Research Projects Agency，DARPA）在 2017 年提出《电子复兴计划（ERI）》，旨在通过加强现有商业电子协会、国防工业企业、高校研究者和国防部的合作，实现电子技术性能的重大提升，重点为芯片架构创新、芯片设计创新和材料与集成创新提供 5 年共 15 亿美元资金支持。

在智能制造领域，自 2011 年美国公布推动《先进制造伙伴计划》以来，美国政府不断通过支持创新研发基础设施、建立国家制造创新网络、政企合作制定技术标准等多种方式为制造业注入强大的驱动力。例如，2012—2014 年，美国政府相继出台了《制造业促进法案》《先进制造伙伴计划》、国防部《制造技术（ManTech）战略规划》《振兴美国制造与创新法案》等政策，重点支持模块化、智能化、增材制造、绿色可持续制造等高端制造装备发展。此外，美国国家标准与技术研究院积极部署《智能制造系统模型方法论》《智能制造系统设计与分析》等重大科研项目工程。

2. 欧盟

欧洲在智能制造、芯片研发等领域也处于世界领先地位。欧盟委员会于 2013 年 5 月 23 日发表《欧盟新电子产业战略》，提出公共部门与私营机构携手合作加大对电子产业研发创新的投资，大力促进电子产业在研发创新领域的跨国合作，以确保欧盟在世界电子行业的领先地位和扩展欧盟先进的制造基地。

《欧盟新电子产业战略》主要包括加大协调对电子产业研发创新的投资，通过加强成员国之间的合作来充分发挥欧盟及其成员国投资的作用；加强和完善欧盟现有的三大世界级电子产业集群的建设，并促进这三大产业集群与欧盟其他电子产业集群的联系合作；通过研发创新让芯片的价格更低、速度更快、功能更多。

2013 年年底，欧盟委员会批准实施了"地平线 2020"计划，期限为 7 年（2014—2020 年），预算总额约为 770 亿欧元，是第七个欧盟科研框架计划之后的主要科研规划。作为欧盟科技创新的主要规划，"地平线 2020"计划的主要目的就是整合欧盟各成员国的科研资源，提高科研效率，促进科技创新，推动经济增长和增加就业。根据"地平线 2020"计划，欧盟委员会建议成员国将研发经费在国内生产总值中所占比例从现在的 2% 左右增至 2020 年的 3%。按照计划，欧盟将在今后 7 年中出资 170 亿欧元用于有关应用技术方面的研发，具体包括信息技术、纳米技术、新材料技术、生物技术、先进制造技术和空间技术等领域的研发。

在多国协同合作上，2016 年 5 月欧盟启动了"传感互联"（IoSense）项目，IoSense 项目的总预算为 6500 万欧元，由英飞凌牵头，来自比利时等 6 个国家的 33 个机构参与其中。将在英飞凌现有制造厂中建造三条工艺制造线，并通过模块化思路将欧盟现有的先进制造能力整合进相应环节，形成欧盟范围内先进生产能力的网状连接。先进制造能力包括比利时微电子研究中心（IMEC）的光子和光电集成技术、德国的弗朗恩霍夫光电微系统研究所（IPMS）微机电系统技术、奥地利艾迈斯半导体公司（AMS）的三维集成组装技术等。研究领域包括压力、光学、磁、气体、温度、环境等各类传感器，并可进一步按需嵌入数据存储、处理和收发，以及自配置、自修复、安全和功率监控等系统级功能。目标是将欧盟先进传感器和微机电系统的制造产能增加10 倍，制造成本和时间减少 30%，传感器新产品从概念提出到上市销售的时间缩短至 1 年以内，以提高竞争力和满足未来巨大市场需求。

此外，欧洲两大研究机构——法国 CEA – Leti 及德国 Fraunhofer Group 于 2017 年 7 月宣布签署研发合作协议，双方将共同建立"技术平台"，让欧洲的中小企业与新创公司能取得先进技术，共同推动欧洲实现将微电子技术研发与半导体制造根留本土的愿景。FD – SOI、传感器、电力电子及化合物半导体是 CEA – Leti 及 Fraunhofer Group 合作研发项目的四大支柱。

德国作为欧洲经济强国，其工业拥有着深厚的制造业基础、高端的技术水平，基于此，为保持今后在全球制造业中的优势地位，德国于 2006 年出台了国家层面的创新战略《德国高技术战略》，重点选择了 17 个技术创新领域，包括健康与医药技术、安全技术、种植技术、能源技术、环境技术、通信与信息技术等，引入包括"尖端集群竞争""创新联盟"等激励机制。

2010 年德国再次推出升级版科技发展战略《德国高技术创新战略 2020》，主要聚焦气候与能源、健康与营养、物流、安全性和通信五大领域，从国家需求出发，应对全球性挑战。

2014 出台的德国"工业 4.0"战略，更像一种制造业的智能化战略加强版，是在《德国高技术战略》与《德国高技术创新战略 2020》的基础之上提出的，其模式是由分布式、组合式的工业制造单元模块，通过工业网络宽带、多功能感知器件，组建多组合、智能化的工业制造系统。

3. 日本

在先进制造、"工业 4.0"等概念席卷全球，引发全球智能制造热时，身处亚洲的日本政府也高度重视高端制造业的发展，尤其是加强了对制造业信息化、信息物理融合系统、大数据、3D 打印机等项目的资助和研究，积极出台措施，着力扭转制造业比重降低的局面，把信息通信、节能等产业作为国家重点培育领域。日本政府特别强调"科学技术创新能力是重振经济的原动力"。自 2013 年开始，日本政府每年都制定《科学技术创新综合战略》。《科学技术创新综合战略 2014》提出重点聚焦信息通信（如信息安全、大数据分析、机器人、控制系统技术等）、纳米（用于开发元件、传感器及具备新功能的先进材料）和环保三大跨领域技术，使其成为增强日本产业竞争力的源泉。

《科学技术创新综合战略 2015》就科研资金改革、借助物联网和大数据库培育新产业等内容进行了重点阐述，提出 2016 年在制造技术领域投资 147 亿日元预算、在纳米材料领域投入 230 亿日元预算、在信息通信领域投入 916 亿日元预算。

在 2018—2019 年度基本方针《科学技术创新综合战略》中提出"新机器人战略"计划，通过科技和服务创造新价值，以"智能制造系统"作为该计划核心理念，促进日本经济的持续增长，应对全球大竞争时代。

4. 韩国

韩国非常重视物联网发展，1997 年推动互联网普及的"CyberKorea 21"计划。2006 年，韩国《U－IT 839 计划》提出要建设全国性宽带（BcN）和 IPv6 网络，建设泛在的传感器网（USN），打造强大的手机软件公司；把发展包括 RFID/USN 在内的 8 项业务和研发宽带数字家庭、网络等 9 方面的关键设备作为经济增长的驱动力。2009 年，韩国通过了《基于 IP 的泛在传感器网基础设施构建基本规划》，促进"未来物体通信网络"建设，实现人与物、物与物之间的智能通信，由首尔市政府、济州岛特别自治道、春川市江原道三地组成试点联盟，建设物体通信基础设施。2014 年，韩国政府发布 ICT 研究与开发计划"ICT WAVE"，并将物联网平台列为十大关键技术之一。

2.2 中国智能传感器产业现状

2.2.1 中国智能传感器产业基本情况

1. 市场规模

中国传感器市场正快速扩张，企业实力不断增强，与美、日、德的差距持续缩小。中国智能传感器市场规模及增长情况如图2-6所示。

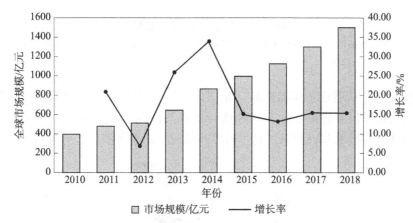

图2-6 中国传感器市场规模增长情况

资料来源：赵振越. 智能传感器产业分析［EB/OL］.［2020-12-10］. https://www.sohu.com/a/379444796_781358.

2018年，中国汽车传感器市场已占全球汽车传感器市场份额的14.20%，仅次于欧洲，超过了美国和日本。然而，中国传感器市场容量不小，优势企业却很少。

2. 产业结构

在2019年中国传感器市场结构（见图2-7）中，汽车电子领域市场规模529.2亿美元，占比最高，达到24.20%；工业制造领域市场规模462.3亿美元，占比21.20%；网络通信领域市场规模459.8亿美元，占比21.00%；消费电子领域市场规模322.1亿美元，占比14.70%。

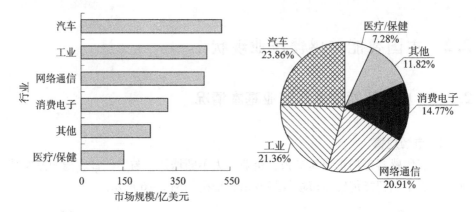

图2-7 中国传感器市场结构

资料来源：赵振越. 2019 年传感器市场数据［EB/OL］.［2021－01－18］. https：//www.sohu.com/a/379444796_781358.

2019 年中国智能传感器产品（见图2-8）主要以流量传感器、压力传感器、温度传感器、硅麦克风、加速度计等成熟产品为主，主要面向中低端市场，总体呈现技术基础薄弱，自主研发产品较少，自主创新能力薄弱。

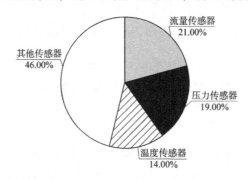

图2-8 2019 年中国传感器市场产品结构

资料来源：钛学术. 我国传感器行业格局分析与发展现状［EB/OL］.［2020－06－30］. http：//m.elecfans.com/article/845856.html.

3. 区域竞争

由 2019 年中国传感器市场区域规模分布（见图2-9）可知，华东地区由于汽车、家电等电子产品制造能力突出，市场规模位居全国第一，占比56.86%。中南和华北地区则分别由于工业、3C 等电子产品制造能力突出，市场规模位居全国第二、第三位，分别占比23.09%、8.36%。

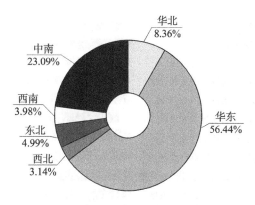

图 2 - 9 2019 年中国传感器市场区域规模分布

资料来源：钛学术. 我国传感器行业格局分析与发展现状 ［EB/OL］. ［2020 - 06 - 30］. http:// m. elecfans. com/article/845856. html.

目前我国传感器企业正努力追赶国外企业，并出现区域的传感器企业集群，企业主要集中在长三角地区，并逐渐形成以北京、上海、南京、深圳、沈阳和西安等中心城市为主的区域空间布局。其中，主要的传感器企业有接近一半的比例分布在长三角地区，其他依次为珠三角、京津地区、中部地区及东北地区等。长三角区域逐渐形成了包括热敏、磁敏、图像、称重、光电、温度、气敏等较为完备的传感器生产体系及产业配套；珠三角区域形成了以热敏、磁敏、称重、超声波为主的传感器产业体系；东北地区主要生产 MEMS 力敏传感器、气敏传感器、湿度传感器；京津区域及中部地区则以产学研紧密结合的模式发展，主要集中于新型传感器的研发创新。

4. 产业园区

2020 年 8 月 27 日，工信部直属的中国电子信息产业发展研究院颁布了"2020 传感器十大园区排名"（见图 2 - 10），评出了传感器十大园区，分别是：苏州工业园区、嘉定工业园区、北京经济技术开发区、无锡高新技术产业开发区、郑州高新技术产业开发区、武汉东湖新技术开发区、武进高新技术产业开发区、温州乐清传感器产业基地、重庆市北碚传感器产业基地、杭州钱江经济技术开发区。

十大园区中，长三角地区上榜 6 个；另外 4 个分布于北京、郑州、武汉和重庆。传感器园区的分布格局也基本反映了我国传感器产业的区域特点。

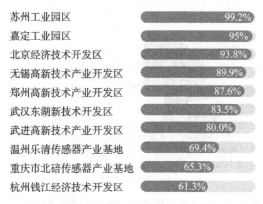

十大园区评价体系

一级指标	产业竞争力	园区竞争力	配套竞争力
二级指标	产业规模、创新投入、技术先进性、龙头企业等	区位、战略定位、交通等	政策、基金、人才等
权重分配	50%	20%	30%

图 2－10　2020 中国传感器十大园区排名

2.2.2 中国智能传感器产业链发展现状及问题

根据中国高端芯片联盟和中国信通院发布的《智能传感器产业地图》，以及据工信部电子信息司发布的《智能传感器型谱体系与发展战略白皮书（2019 版）》、中国仪器仪表行业协会传感器分会、中国仪器仪表学会传感器分会、中国仪器仪表学会仪表元件分会、传感器国家工程研究中心四部门联合发布的《中国传感器（技术、产业）发展蓝皮书》，智能传感器产业链具体包括设计、制造、封装、测试、软件、芯片及解决方案、系统/应用，细分环节多而分散，各环节的技术壁垒高。

得益于下游应用需求的快速发展，我国已形成芯片设计、晶圆制造、封装测试、软件与数据处理算法、应用等环节的初步的智能传感器产业链，但目前存在产业档次偏低、企业规模较小、技术创新基础较弱等问题。我国智能传感器产业链主要有以下问题。

（1）传感器的研发和设计涉及多种学科、多种理论、多种材料、多种工艺及现场使用条件，设计环节技术壁垒高，国内具有自主智能传感器设计能力的企业并不多，企业数量多、分散，市场认可度不高。

（2）传感器制造工艺技术主要为薄膜技术、MEMS 技术、CMOS 技术。整个传感器产业链上最为核心的当属晶圆制造环节，包括材料、工艺、设备和厂房等支撑。由于晶圆制造对工艺设备要求非常高，投入资金巨大，国内仅有少数几家（中芯国际、华润上华、上海先进半导体）具备晶圆生产线的公司，但工艺技术和经验无法达到国外工厂规模生产的标准。大多数设计公司与国外代工企业合作。

（3）封装结构和封装材料会影响传感器的迟滞、时间常数、灵敏度、寿命等性能，中国企业在智能传感器封测环节渗透率较高，国内已达到国际标准的测试工厂，具有一定的国际竞争力，但传感器封装技术标准化程度低，没有统一的接口标准，不利于用户选取和产品互换，晶圆级测试吸引准确度和一致性存在问题，验证手段与国际先进水平尚有差距。

（4）软件与芯片解决方案，传感器软件被博世、应美盛等欧美企业自带软件算法的 IDM 企业垄断。在传感器芯片及解决方案中，高端传感器芯片以进口为主，国内的中小规模企业在应用场景中渗透加速。

（5）系统应用，智能传感器广泛地应用于通信电子、消费电子、工业、汽车电子、智慧农业、环境监测、安全保卫、医疗诊断、交通运输、智能家居、机器人技术等众多领域，市场拉动作用大，目前智能传感器消费电子领域、汽车电子领域市场规模大，国内智能传感器多为新兴的初创公司，技术以仿制跟随为主，自身技术和产品性能还难以获得手机、汽车等大型应用商的信任，产品进入中高端行业依然存在一定困难。

2.2.3　中国智能传感器产业政策

在物联网成为新一代工业基础性行业竞争驱动力之后，国家十分重视物联网产业及其配套产业的发展。截至目前，国务院、工信部已经出台了多项智能传感器产业的推动政策（见表2-3）。

表2-3　近年中国智能传感器产业相关政策

发布时间	发布单位	文件名称	关键词
2011 年 11 月	工信部	《物联网"十二五"发展规划》	智能化传感器
2013 年 2 月	国务院	《国务院关于推进物联网有序健康发展的指导意见》	国防和重点产业安全、重大工程所需的传感器

发布时间	发布单位	文件名称	关键词
2013 年 5 月	工信部、科技部、财政部、国家标准化管理委员会	《加快推进传感器及智能化仪器仪表产业发展行动计划》	工业传感器、机器人传感器、航空专用传感器、MEMS 传感器
2015 年 5 月	工信部	《〈中国制造 2025〉重点领域技术路线图》	人工智能领域的传感器
2016 年 3 月	全国人大财政经济委员会、国家发展和改革委员会	《中华人民共和国国民经济和社会发展第十三个五年规划纲要》	先进传感器
2016 年 5 月	国家发展和改革委员会、科技部、工信部、国家互联网信息办公室	《"互联网＋"人工智能三年行动实施方案》	智能传感器、深海传感器
2016 年 7 月	国务院	《"十三五"国家科技创新规划》	新型传感器、MEMS 传感器、工业传感器
2017 年 4 月	工信部、国家发展和改革委员会、科技部	《汽车产业中长期发展规划》	车用传感器
2017 年 11 月	工信部	《智能传感器产业三年行动指南（2017—2019 年）》	智能传感器 - MEMS、CMOS 工艺
2017 年 12 月	工信部	《促进新一代人工智能产业发展三年行动计划（2018—2020 年）》	智能传感器 - 压电，磁、红外、气体、MEMS 传感器
2018 年 12 月	工信部	《关于加快推进虚拟现实产业发展的指导意见》	GHz 惯性传感器、3D 摄像头
2018 年 12 月	工信部	《车联网（智能网联汽车）产业发展行动计划》	环境感知、3D 摄像头
2019 年 3 月	工信部	《超高清视频产业发展行动计划（2019—2022 年）》	CMOS 图像传感器
2019 年 9 月	工信部	《关于促进制造业产品和服务质量提升的实施意见》	智能传感器

发布时间	发布单位	文件名称	关键词
2020 年 12 月	工信部	《工业互联网创新发展行动计划（2021—2023 年）》	智能传感器
2021 年 1 月	工信部	《基础电子元器件产业发展行动计划（2021—2023 年）》	高端传感器、新型 MEMS 传感器、智能传感器、车规级传感器

上述公开政策有以下核心内容。

2011 年 11 月，工信部印发《物联网"十二五"发展规划》，重点强调了要提升感知技术水平，内容包括：超高频和微波 RFID 标签、智能传感器、嵌入式软件的研发，支持位置感知技术、基于 MEMS 的传感器等关键设备的研制，推动二维码解码芯片研究。

2013 年 2 月，国务院发布《国务院关于推进物联网有序健康发展的指导意见》，重点强调了加强低成本、低功耗、高精度、高可靠、智能化传感器的研发与产业化。

2013 年 5 月，工信部、科技部、财政部、国家标准化管理委员会印发《加快推进传感器及智能化仪器仪表产业发展行动计划》，提出总体目标（2013—2025 年）：传感器及智能化仪器仪表产业整体水平跨入世界先进行列，产业形态实现由"生产型制造"向"服务型制造"转变，涉及国防和重点产业安全、重大工程所需的传感器及智能化仪器仪表实现自主制造和自主可控，高端产品和服务市场占有率提高到 50% 以上。制定了具体的产业发展目标，并给出了 2013—2025 年的发展路线图。

2015 年 5 月 19 日，工信部印发《〈中国制造 2025〉重点领域技术路线图》正式发布，推动我国传感器及物联网产业向着融合化、创新化、生态化、集群化方向加快发展。到 2020 年，我国工业传感器、智能仪器仪表和检测设备、制造物联设备等在国内得到规模化应用；在新型工业传感器方面，开发具有数据存储和处理、自动补偿、通信功能的低功耗、高精度、高可靠的智能型光电传感器、智能型接近传感器、高分辨率视觉传感器、高精度流量传感器、车用惯性导航传感器（INS）、车用 DOMAIN 域控制器等新型工业传感器以及分析仪器用高精度检测器，满足典型行业和领域的泛在信息采集的需求；在工业传感器核心技术方面，研究传感器无线通信技术、传感器信号处理技术、传感器可靠性设计与试验技术、传感器精密制造与检测技术；在机器人传感器方面，重点开发关节位置、力矩、视觉、触觉、光敏、高频测量、激光位移等传感器，满足国内机器人产业的应用需求；在机器人关键零部件研制及应用示范工程中，支持减速器、控制器、伺服电机及驱动器、传感器等关键零部件的研制及产业化应用；在航空专用传感器，提高油液、气体、温度、压力等航空传感器的监测精度和可靠性；研发基于新型敏感材料、新型封装材料、新型导电材料等新材料的传感器；在智能微机电系统方面，针对柔性机翼和智能蒙皮的需要，开展相关微机电系统技术研究和集成验证；在汽车电子控制系统方面，国产关键传感器国内市场占有率达到80%，到2020年，掌握传感器、控制器关键技术，供应能力满足自主规模需求，产品质量达到国际先进水平；在农业机械专用传感器方面，发展施肥播种机械作业深度、行走速度、作业质量等测控传感器，植保机械前进速度、喷量、压力、喷洒面积等测控传感器，收获机械喂入量、清选与夹带损失、割台高度、滚筒转速、产量流量和谷物水分等测控传感器。

2016年3月，《中华人民共和国国民经济和社会发展第十三个五年规划纲要》发布，提出：在高档数控机床领域开发高档数控系统、轴承、光栅、传感器等主要功能部件及关键应用软件；在新一代信息技术产业创新领域，培育集成电路产业体系，培育人工智能、智能硬件、新型显示、移动智能终端、第五代移动通信（5G）、先进传感器和可穿戴设备等成为新增长点。

2016年5月，国家发展和改革委员会、科技部、工信部、国家互联网信息办公室印发《"互联网+"人工智能三年行动实施方案》，支持人工智能领域的芯片、传感器、操作系统、存储系统等核心技术研发与产业化工程。

2016年7月，国务院印发《"十三五"国家科技创新规划》，内容强调发展新一代信息技术，特别提出：发展微电子和光电子技术，重点加强极低功耗芯片、新型传感器、第三代半导体芯片和硅基光电子、混合光电子、微波光电子等技术与器件的研发。其中，在第五章第二部分和第三部分中，提出重点加强新型传感器的研发，加强工业传感器制造基础共性技术研究，提升制造基础能力；在先进制造技术专栏中，提出开展MEMS（微机电系统）传感器的研发，提高自主研发能力，开展工业传感器核心器件、智能仪器仪表、传感器集成应用等技术攻关，加强工业传感器技术在智能制造体系建设中的应用，提升工业传感器产业技术创新能力；在海洋资源开发利用技术专栏中，提出发展近海环境质量监测传感器和仪器系统。

2017年4月，工信部、国家发展和改革委员会、科技部印发《汽车产业中长期发展规划》，突破车用传感器、车载芯片等先进汽车电子及轻量化新材料、高端制造装备等产业链短板，培育具有国际竞争力的零部件供应商，形成从零部件到整车的完整产业体系。重点突破动力电池、车用传感器、车载芯片、电控系统、轻量化材料等工程化、产业化瓶颈，鼓励发展模块化供货等先进模式以及高附加值、知识密集型等高端零部件。重点支持传感器、控制芯片、北斗高精度定位、车载终端、操作系统等核心技术研发及产业化。

2017 年 11 月，工信部发布《智能传感器产业三年行动指南（2017—2019年）》，三年的主要任务为补齐设计、制造关键环节短板，推进智能传感器向中高端升级，其中，在技术和工艺上，重点提到了硅基 MEMS 加工技术、MEMS 与互补金属氧化物半导体（CMOS）集成、非硅模块化集成等工艺技术。

2017 年 12 月，工信部印发《促进新一代人工智能产业发展三年行动计划（2018—2020 年）》，明确提出要重点发展智能传感器等相关产业，智能传感器技术产品实现突破，支持微型化及可靠性设计、精密制造、集成开发工具、嵌入式算法等关键技术研发，支持基于新需求、新材料、新工艺、新原理设计的智能传感器研发及应用。到 2020 年，压电传感器、磁传感器、红外传感器、气体传感器等性能显著提高，信噪比达到 70dB、声学过载点达到 135dB 的声学传感器实现量产，绝对精度 100Pa 以内、噪声水平 0.6Pa 以内的压力传感器实现商用，弱磁场分辨率达到 1pT 的磁传感器实现量产。在模拟仿真、设计、MEMS 工艺、封装及个性化测试技术方面达到国际先进水平，具备在移动式可穿戴、互联网、汽车电子等重点领域的系统方案设计能力。

2018 年 12 月，工信部印发《关于加快推进虚拟现实产业发展的指导意见》，感知交互技术。加快六轴及以上 GHz 惯性传感器、3D 摄像头等的研发与产业化。

2018 年 12 月，工信部印发《车联网（智能网联汽车）产业发展行动计划》，打造综合大数据及云平台，推进道路基础设施的信息化和智能化改造，支持构建集感知、通信、计算等能力于一体的智能基础设施环境。

2019 年 3 月，工信部印发《超高清视频产业发展行动计划（2019—2022年）》，加强基于国产核心芯片和基础软件的 4K、8K 超高清摄录机整机一体化研发，加快图像传感器等核心元器件及配套软件的研发制造，推动超高清技术在智能网联汽车中的应用，加快超高清车载图像传感器及车载屏幕产品的研发及量产，支持超高清视频技术和产品在城市交通、高速公路、机场码头、轨道运输等场景应用，促进智能化交通监管体系建设。

2019 年 9 月，工信部印发《关于促进制造业产品和服务质量提升的实施意见》，推动信息技术产业迈向中高端，支持集成电路、信息光电子、智能传感器、印刷及柔性显示创新中心建设，加强关键共性技术攻关，积极推进创新成果的商品化、产业化。

2020 年 12 月，工信部印发《工业互联网创新发展行动计划（2021—2023

年)》，强化基础技术支撑，鼓励信息技术与工业技术企业联合推进工业5G芯片/模组/网关、智能传感器、边缘操作系统等基础软硬件研发。以新技术带动工业短板提升突破，加强5G、智能传感、边缘计算等新技术对工业装备、工业控制系统、工业软件的带动提升，打造智能网联装备，提升工业控制系统实时优化能力，加强工业软件模拟仿真与数据分析能力。

2021年1月，工信部印发《基础电子元器件产业发展行动计划（2021—2023年)》，攻克关键核心技术。实施重点产品高端提升行动，面向传感类元器件要求如下：重点发展小型化、低功耗、集成化、高灵敏度的敏感元件，温度、气体、位移、速度、光电、生化等类别的高端传感器，新型 MEMS 传感器和智能传感器等重点产品；突破制约行业发展的专利、技术壁垒；补足电子元器件发展短板；保障产业链供应链安全稳定。支持重点行业市场应用，把握传统汽车向电动化、智能化、网联化的智能传感器和智能网联汽车转型的市场机遇，重点推动车规级传感器。

2.3 天津市智能传感器产业现状

2.3.1 天津智能传感器产业发展基本情况

通过"天眼查"，天津市营业范围包括传感器的正常营业企业共计502家，相关企业在天津市各区的数量分布如图2－11所示。

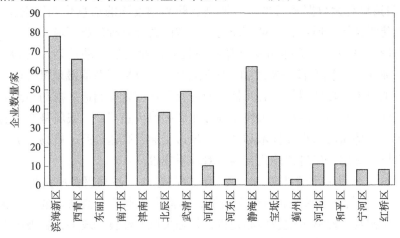

图2－11 天津智能传感器企业分布情况

由图 2-11 可知，天津智能传感器企业主要分布在滨海新区（79 家）和西青区（67 家）。

此外，笔者对天津市智能传感器重点企业基本情况进行了梳理，见表 2-4。

表 2-4　天津智能传感器产业主要重点企业

企业名称	产业链	核心产品	所在区
美新半导体（天津）有限公司	设计	MEMS 传感器、惯性传感器	空港经济区
中芯国际集成电路制造（天津）有限公司	制造	芯片集成电路	西青区
图尔克（天津）传感器有限公司	设计	开光类传感器	南开区
迈尔森电子（天津）有限公司	设计	MEMS 麦克风、惯性传感器	西青区
科大天工智能装备技术（天津）有限公司	设计	磁传感器	东丽区
宜科（天津）电子有限公司	设计	传感器	西青区
天津铭景电子有限公司	设计	压力传感器、磁敏传感器、液位传感器、轮速传感器、流量传感器等	西青区
中环天仪股份有限公司	设计	温度仪表、压力仪表、流量仪表、物位仪表	高新区

天津市重点企业主要聚焦传感器设计和制造：其中美新半导体（MEMSIC）是全球领先的 MEMS 惯性传感器及解决方案提供商，美新半导体（无锡）有限公司是国内最大的 MEMS 惯性传感器公司，是少有的掌握核心技术且能够直接和国际巨头竞争的本土公司。中芯国际集成电路制造有限公司是国内知名的集成电路芯片制造企业。德国图尔克集团专注智能传感器技术和分布式自动化领域，图尔克（天津）传感器有限公司作为德国图尔克集团的全资子公司，1994 年在天津经济技术开发区注册成立，从事销售及市场营销，该公司从事产品设计生产，生产产品覆盖电感式传感器、电容式传感器、磁感应传感器、流体传感器等。科大天工智能装备技术（天津）有限公司 2016 年落户东丽区华明高新区，在磁传感器技术上具有多年研发经验，毛思宁被誉为国际硬盘界的隧道磁阻 TMR "磁头之父"。宜科（天津）电子有限公司成立于 2003 年，位于西青区，专注于传感器、过程传感器、编码器、直线位移等系列工业自动化控制产品的研发、制造和销售。天津铭景电子有限公司专利技术为压力传感器、磁敏传感器、液位传感器、轮速传感器、流量传感器等。中环天仪股份有限公司，原天津天仪集团仪表有限公司，2009 年 1 月 1 日正式更名，位于天津华苑产业区，是国内较大的综合性仪器仪表研发制造基地之一，产品门类齐

全，产品包括温度仪表、压力仪表、流量仪表、物位仪表。

2.3.2 天津智能传感器产业政策

天津已经出台了多项智能传感器产业的推动政策，相关政策的核心内容见表2-5。

表2-5 天津智能传感器产业政策

发布时间	发布单位	文件名称	相关核心内容
2018年10月	天津市人民政府办公厅	《天津市新一代人工智能产业发展三年行动计划（2018—2020年）》	突破光电传感器、图像传感器、激光雷达、力学传感器等关键技术，重点发展新型智能工业传感器，加强面向智能终端的生物特征识别、图像感知等传感器技术攻关，突破智能传感器关键核心技术
2019年6月	天津市委网络安全和信息化委员会	《天津市促进数字经济发展行动方案（2019—2023年）》	加大系统级芯片（SoC）、通信芯片、物联网传感器芯片等高端芯片核心技术的研发力度，打造集成电路制造"天津芯"
2020年8月	天津市人民政府	《天津市关于进一步支持发展智能制造的政策措施》	支持智能科技应用场景建设。支持人工智能、车联网、大数据、区块链、虚拟现实/增强现实（VR/AR）等示范应用场景建设
2020年11月	天津市人民政府	《天津市科技创新三年行动计划（2020—2022年）》	着力提升自主创新能力，打造天津版"国之重器"，加强"卡脖子"关键核心技术攻关。重点支持智能机器人、高性能智能传感器等
2021年2月	天津市人民政府	《天津市国民经济和社会发展第十四个五年规划和二〇三五年远景目标纲要》	推动高性能智能传感器关键技术攻关，强化芯片设计、高端服务器制造等优势，补齐芯片制造、封测、传感器、通信设备等薄弱或缺失环节

2018年10月22日，天津市人民政府办公厅发布《天津市新一代人工智能产业发展三年行动计划（2018—2020年）》，实施智能终端产品产业化工程，突破光电传感器、图像传感器、激光雷达、力学传感器等关键技术，重点发展新型智能工业传感器，推进面向智能制造、无人系统、智能机器人等新兴领域的智能传感器产业化应用。积极发展低功耗、微型化的高端智能消费电子传感器，加强面向智能终端的生物特征识别、图像感知等传感器技术攻关，实现规模化生产。突破智能传感器关键核心技术，发展支撑新一代物联网的高灵敏

度、高可靠性的智能传感器件。加强传感器材料、制造工艺和终端应用的产业链协同，提升智能传感器设计、加工制造、集成封装、计量检测等配套能力。

2019 年 6 月，天津市委网络安全和信息化委员会正式发布《天津市促进数字经济发展行动方案（2019—2023 年）》，提出：强化智能型支柱产业加快构建具有自主知识产权的基础软件产品体系，积极推动开源软件社区建设，研发面向云计算、大数据、物联网、工业互联网等新兴领域的操作系统、数据库、中间件，重点支持高端工业软件、新型工业应用程序 APP 等研发与应用。加大系统级芯片（SoC）、通信芯片、物联网传感器芯片等高端芯片核心技术的研发力度，打造集成电路制造"天津芯"。加大智能制造推进力度，围绕感知、控制、决策、执行、物流等关键环节，加强与国内知名高校、科研机构的合作，推进研发高档数控机床与工业机器人、增材制造装备、智能传感与控制装备、智能检测与装配装备、智能物流与仓储装备五类关键技术装备。

2020 年 8 月 6 日，天津市人民政府办公厅印发《天津市关于进一步支持发展智能制造的政策措施》，支持智能科技应用场景建设。支持人工智能、车联网、大数据、区块链、虚拟现实/增强现实（VR/AR）等示范应用场景建设，支持国家新一代人工智能创新发展试验区重大项目、平台，对项目给予最高 1000 万元资金支持。

2020 年 11 月 21 日，天津市人民政府印发《天津市科技创新三年行动计划（2020—2022 年）》，着力提升自主创新能力，打造天津版"国之重器"，加强"卡脖子"关键核心技术攻关。坚持需求和问题导向，聚焦重点领域，制定"保持现有优势""解决'卡脖子'问题""抢占未来战略必争领域"三类技术攻关清单。组织实施重大科技专项，采取定向择优、定向委托等方式，重点支持智能机器人、高性能智能传感器、核心工业软件、增材制造、轨道交通等高端装备制造技术等，攻克一批对外高度依赖的关键核心技术，形成一批占据世界科技前沿的优势技术。

2021 年 2 月 7 日，天津市人民政府印发《天津市国民经济和社会发展第十四个五年规划和二〇三五年远景目标纲要》，推动高性能智能传感器关键技术攻关，强化芯片设计、高端服务器制造等优势，补齐芯片制造、封测、传感器、通信设备等薄弱或缺失环节，建成"芯片—整机终端"基础硬件产业链，实现全链发展。

第三章 智能传感器产业与专利关联性分析

从智能传感器技术发展、产品供需、企业地位和产业转移等不同角度论证智能传感器产业链与专利布局的关联度;以智能传感器产业链与专利布局的关联度为基础,进一步从技术控制、产品控制及市场控制等角度论证全球智能传感器产业竞争中专利控制力强弱程度,揭示专利控制力与产业竞争格局的关系。

3.1 产业创新发展与专利布局关系分析

3.1.1 专利布局与技术发展如影随形

图3-1展示了传感器发展与专利布局之间的关系。可以看出,在传感器领域,早在20世纪40年代第一款红外传感器面市前,1922年就已经有了传感器相关专利申请。1961年,美国西屋电气公司首次申请了霍尔传感器专利,从此拉开了磁传感器产业发展的序幕,并且在MEMS器件、CMOS图像传感器发布进入市场之前,就已经出现了相关专利申请,随着MEMS、集成电路不断发展,全球各国(地区)发展形成了相当规模的传感器产业。我国传感器制造行业发展始于20世纪60年代,在1972年组建成立中国第一批压阻传感器研制生产单位;1974年,研制成功中国第一个实用压阻式压力传感器;1978年,诞生中国第一个固态压阻加速度传感器;1982年,国内最早开始硅微机械系统(MEMS)加工技术和SOI(绝缘体上硅)技术的研究,1985年中国专利局受理专利申请之时,罗斯蒙特航天公司、日探株式会社、福克斯布洛公司等国外公司在中国进行专利布局,清华大学、北京科技大学等单位也随即提交了相关专利申请。可见在产业发展过程中,专利布局始终伴随着传感器的技术和产品创新。

3.1.2 专利先行为产品保驾护航

从传感器的产业链来看,智能传感器产业分为设计、制造、封装、测试4个环节。智能传感器产业链各环节专利申请量与申请人数量的对比关系如图3-2所示。

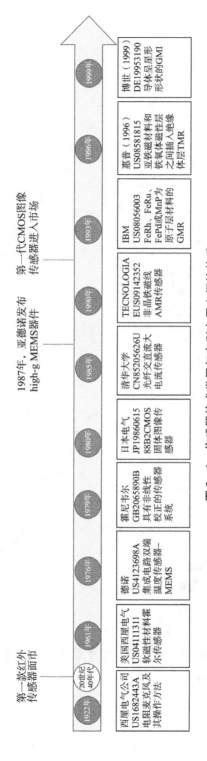

图 3 − 1　传感器技术发展与专利布局之间的关系

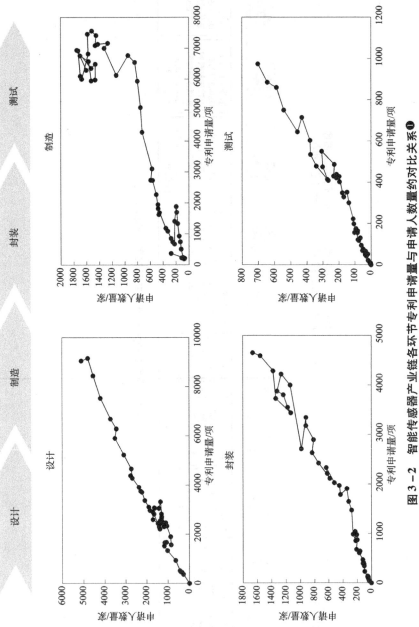

图 3 - 2 智能传感器产业链各环节专利申请量与申请人数量约对比关系❶

❶ 由于 2020 年和 2021 年大部分专利还未公开，因此上述专利技术生命周期图中为申请日为 2019 年及以前的专利数量。

　　整体而言，智能传感器、高端传感器处于产品开发和市场需求引导阶段，全球设计环节的专利申请量占专利申请总量的35%，技术热点多，尤其是近几年在物联网、高端仪器仪表、高端装备等方面的应用增长较快，专利申请量和专利申请人数量均呈持续增长趋势，设计领域处于技术成长期。

　　制造领域对工艺设备要求非常高，投入资金巨大，大多数设计公司与台积电、联华电子等代工企业合作。全球制造环节的专利申请量占专利申请总量的43%，从技术生命周期来看，专利申请人数量和专利年申请量均呈现稳定态势，技术发展已经进入成熟期。

　　封测环节的市场竞争主要依赖传统产能和成本等比较优势来维持，附加值在整个产业链中处于较低端。目前全球封测技术正处于成熟的第三阶段，Flip - chip（倒装芯片封装）、BGA（球状栅格阵列封装）和WLCSP（晶圆片级芯片尺寸封装）等主要封装技术正在进行大规模生产，为了配合产品小体积、多任务并行处理的要求，集成电路的封测技术的演进方向正向高密度、高脚位以及薄型化的第四阶段发展，专利申请人和专利申请数量均呈现增长态势。

　　综上所述，设计环节处于快速增长的阶段，技术与产品竞争日趋激烈；制造环节越来越集中在少数具备生产线的大型企业手中，进入稳定期；封装和测试处于价值链底端，封装技术由成熟的第三阶段正向第四阶段高密度封装发展，专利申请人数量和专利年申请量均明显少于设计和制造环节，专利数据的产业链结构和市场竞争结构及趋势较为吻合。

3.1.3　专利实力反映了企业产业地位

　　智能传感器产业链各环节专利申请人数量排名前20位见表3 - 1。从全球范围内的专利申请数量排名来看，传感器专利实力较强的企业为全球产业链中的巨头企业。如三星电子、SK海力士、台积电、联华电子等在各产业环节专利数量比较多的企业，也是全球产业竞争中的优势企业；制造领域SK海力士、台积电、联华电子、三星电子专利申请均超万件，龙头企业充分利用专利布局抢占技术制高点，控制高端传感器设计、制造方面的核心技术和高端产品市场，专利实力与企业的市场竞争地位一致。

表3-1 产业链各环节专利申请人数量排名 TOP20 　　　（单位：人）

设计		制造		封装		测试	
松下	4327	SK 海力士	17953	三星电子	10859	三星电子	752
博世	4168	台积电	17340	台积电	3901	IBM	410
电装	3939	联华电子	11519	LG	3723	富士通	403
三菱电机	2557	三星电子	11490	SK 海力士	3506	中芯国际集成电路制造（上海）有限公司	358
日本特殊陶业	2520	半导体能源研究所	6910	日月光	3452	三菱电机	350
霍尼韦尔	2320	中芯国际集成电路制造（上海）有限公司	6615	英特尔	2849	日本电气	348
日立	2030	IBM	5442	矽品精密	2238	SK 海力士	336
东芝	1974	东芝	4978	京瓷	2073	松下	323
飞利浦	1793	日立	4837	美光科技	1622	东芝	312
西门子	1776	格罗方德	4807	日本电气	1601	英飞凌	302
村田制作所	1770	应用材料	4667	德州仪器	1598	上海华力微电子	244
欧姆龙	1582	日本电气	4185	东芝	1473	台积电	239
三星电子	1409	东部电子	3940	IBM	1321	瑞萨电子	234
罗斯蒙特	1253	上海华虹宏力	3807	英飞凌	1252	美光科技	229
日本电气	1145	意法半导体	3564	南茂科技	1152	意法半导体	210
TDK	1142	松下	3524	江苏长电	1080	日立	187
山武	1029	富士通	3473	松下	1066	博世	173
通用电气	934	英飞凌	3305	力成科技	957	上海华虹宏力	170
NGK	929	信越半导体	3245	富士通	896	德州仪器	167
阿尔卑斯电气	918	中芯国际集成电路制造（北京）有限公司	3230	新光电气	821	爱德万测试	137

　　表3-2为智能传感器产业链各环节市场优势企业的专利申请情况。在传感器设计、制造环节，市场份额排名靠前的企业，相关专利申请量排名均位于前10名；封装与测试细分领域市场份额排名靠前的企业，相关专利申请量排名均位于前20名。说明传感器产业地位领先的企业在专利排名方面同样位于前列，专利实力与企业的市场竞争地位一致。

表3-2　市场优势企业的专利申请情况

CMOS 图像传感器			
企业	2019 年市场份额/%	全球相关专利数量/件	全球专利排名
索尼	49.2	4244	1
三星电子	19.8	2935	2
豪威科技	11.2	1256	6

MEMS 传感器			
企业	2018 年市场份额	全球相关专利数量/件	全球专利排名
博世	全球前 10	1345	1
意法半导体	全球前 10	278	4
楼氏	全球前 10	199	9
TDK	全球前 10	115	10
霍尼韦尔	全球前 10	428	2
歌尔	全球前 10	296	3

制造			
企业	2018 年市场份额/%	全球相关专利数量/件	全球专利排名
台积电	50.78	17 328	2
三星电子	16.63	10 866	4
格罗方德	10.38	4810	10
联华电子	7.45	11 516	3
中芯国际	5.64	6615	6

封测			
企业	2018 年市场份额/%	全球相关专利数量/件	全球专利排名
日月光	19.00	3452	5
江苏长电	13.00	1080	16
矽品精密	10.30	2235	7
力成科技	8.00	957	18

3.1.4　专利布局转移揭示全球产业转移趋势

　　表3-3为全球智能传感器产业专利转移趋势，纵观全球集成电路产业发展历程，世界传感器产业发展重心发生了三次明显转移。

表 3-3   全球智能传感器产业专利转移趋势   （单位：件）

来源国	1980 年之前				1980—2009 年				2010—2020 年			
	设计	制造	封装	测试	设计	制造	封装	测试	设计	制造	封装	测试
美国	2587	2042	456	90	19 084	31 888	13 111	2376	17 613	12 728	9242	1137
日本	1097	953	139	40	42 507	54 717	17 647	3217	18 487	17 591	5718	566
韩国	9	8	2	0	3239	40 267	13 552	1326	4311	6637	13 189	714
德国	455	365	31	2	9004	7571	971	708	6488	3896	1308	431
中国	0	0	0	0	6182	24 689	10 622	1116	44 415	53 529	34 725	5504

　　美国最先投入集成电路的研究，专利布局早，将其应用于航天和军事，在20世纪60—70年代市场和专利均呈明显优势。80年代初，第一次转移发生在中后期的日本，日本从1967年开始逐步实行投资自由化政策，外资可以在日本设立独资集成电路制造企业，日本政府先后两次组织实施集成电路技术合作研发项目，补贴大量研发经费给相关集成电路项目，特别是日本企业研制出当时技术最先进的集成电路产品——动态存储器（DRAM），带动了整个集成电路产业的爆发式成长，逐渐领先美国，取得了当时集成电路先进技术和市场占有率的双重领先优势。

　　第二次转移发生在美国面对日本的强势反超，引起了美国产业界的极大恐慌，为抑制日本集成电路的快速发展，美国政府迅速反应，专门成立半导体制造技术研究联合体、美国半导体咨询委员会等行业组织，采取了一系列反击措施。美国半导体协会以日本集成电路产品倾销为由要求美国联邦政府机构启动"301"调查，对日本半导体产品提高进口关税并征收反倾销税。政府与企业联手重建美国半导体工业体系，提高美国在世界半导体市场中的份额，1993年美国重新夺回了世界半导体产业的霸主地位。

　　第三次转移发生在东亚。20世纪90年代随着加工技术的日益成熟和标准化程度的不断提高，集成电路产业链开始向专业化分工方向发展，逐步形成了独立的芯片设计企业（Fabless）、晶圆制造代工企业（Foundry）、封装测试企业（Package & Testing House），并形成了新的产业模式——垂直分工模式。东亚地区正是在产业分工不断深化、垂直分工模式兴起的背景下，利用自身优势成功抓住了发展机会。无论是相对早期发展的韩国，还是步入21世纪后加大产能和研发投入的中国，都是从集成电路产业链技术含量最低的封装测试环节做起，逐步过渡到制造、设计及专用材料和装备研制，成为全球集成电路产业中的一股新势力。

　　由此可见，专利布局清晰地揭示了全球产业转移的基本趋势。

3.1.5 中国部分地区专利实力反映产业区域特点

中国智能传感器产业创新企业集聚效应明显，主要分布在上海、江苏、广东、北京等省份。中国智能传感器专利申请排名靠前的省份如图 3 - 3 所示。

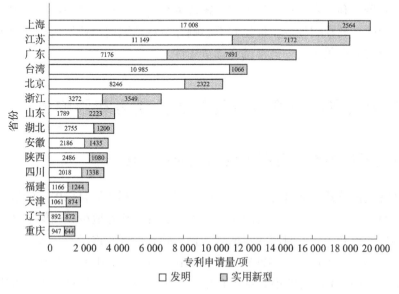

图 3 - 3 中国专利申请排名靠前的省份

华东地区由于汽车、家电等电子产品制造能力突出，智能传感器市场规模位居全国第一，占比 60%，工信部直属的中国电子信息产业发展研究院颁布了"2020 传感器十大园区排名"，华东地区上榜 6 个，从专利申请量来看，华东地区的上海、江苏专利相关专利申请均超过 1.8 万件，位于第一梯队，与其产业市场地位一致，浙江也排在全国第六名；中南和华北地区由于工业、3C 等电子产品制造能力突出，市场规模分别位居全国第二、第三位，从专利数量来看，广东专利 1.5 万余件，位列第三。

3.1.6 总结

从全球及国内的产业发展来看，智能传感器技术发展的重要节点均伴随着相关专利布局：设计环节的专利申请处于快速增长阶段，技术与产品竞争日趋激烈；制造环节的专利申请越来越集中在少数具备生产线的大型企业手中，进入成熟期；封装和测试环节处于价值链底端，正向第四阶段高密度封装发展，专利申请人数量和专利年申请量虽呈现增长态势，但明显少于设计和制造环节，专利数据的产业链结构和市场竞争结构及趋势较为吻合；传感器产业市场地位领先的企业在专利排名上同样处于前列，专利实力与企业的市场竞争地位一致；中国部分省市的专利实力也基本上反映了国内的产业地位。综上所述，智能传感器专利布局与产业发展存在密切关系。虽然从总体来看，天津市在传感器产业的专利数据较少，但这并不影响在全球范围内产业发展和专利布局之间存在密切互动关系这一规律的全球适用性。

3.2 专利在产业竞争中发挥的控制力和影响力

3.2.1 发达国家以专利控制力主导竞争格局

从智能传感器产业各方向的技术原创国家和专利布局目标国家的数量对比来看（见表3-4），日本、美国在专利数量上占据领先地位，确保了其对高端技术的强大控制力，并且将大量的技术投放到其他国家进行专利布局。

以中国市场为例，日本创新主体在中国共申请8000余项专利，占中国专利申请总量的6%，美国创新主体在中国也有6600余件专利申请，占中国专利申请总量的5%。

美国、日本掌握了集成电路各技术分支的大部分专利，在设计、制造领域的专利申请量均占据绝对优势。在设计、制造环节，高端产品市场技术壁垒高，主要被美、日、韩等少数企业所垄断，我国主要依赖进口。例如，在MEMS传感器设计上，美国的专利申请数量占全球的33.6%，CMOS图像传感器的专利申请数量占全球的39.3%。制造环节，日本、美国相关专利申请超8万件，为中国专利申请数量的2倍。封装和测试环节，中国相关专利申请量占据一定的优势，一方面随着人力成本的提升，欧洲、美国、日本等半导体巨头逐渐退出封装、测试领域，封装、测试业务由发达国家向发展中国家转移；另一方面封装、测试相对于设计、制造、材料技术领域，技术门槛较低，领域进入所需条件较少，难度较低。

因此，专利布局反映出中国虽然在专利申请量方面占据了一席之地，但在设计、制造技术方面还缺乏核心技术的竞争力和专利控制力，美国、日本掌握了大部分核心技术，主导产业竞争的格局。

表3-4　主要国家/地区专利数量分布

（单位：件）

目标国家/地区	设计					制造			封装			测试	
	MEMS传感器	CMOS图像传感器	磁传感器	激光/毫米波/超声波雷达	带处理器的传感器	MEMS制造工艺	CMOS制造工艺	芯片集成电路制造工艺	MEMS传感器封装	CMOS传感器封装	芯片集成电路封装	传感器测试	集成电路测试
美国	2912	10 458	5233	1263	5219	4316	764	82 098	863	43	33 569	745	3840
日本	951	8320	6309	406	4058	2097	335	50 157	133	6	21 273	369	2707
韩国	579	6117	1258	368	1266	1276	1229	45 997	176	19	21 003	288	1582
中国	3190	4864	3812	2474	9541	4056	643	48 061	539	58	32 368	1256	5185
德国	1150	569	2527	634	1302	1336	65	12 508	25	4	2372	401	643

技术原创国家/地区	设计					制造			封装			测试	
	MEMS传感器	CMOS图像传感器	磁传感器	激光/毫米波/超声波雷达	带处理器的传感器	MEMS制造工艺	CMOS制造工艺	芯片集成电路制造工艺	MEMS传感器封装	CMOS传感器封装	芯片集成电路封装	传感器测试	集成电路测试
美国	4394	7687	7062	2109	8722	5700	344	82 073	1152	74	38 858	1214	3907
日本	631	14 064	8555	464	4651	1961	431	83 221	85	2	26 143	474	3873
韩国	535	8918	897	395	1142	1253	2104	46 113	252	21	1493	335	1709
中国	2877	2681	3074	2495	8884	3358	353	39 859	466	59	26 075	1117	4761
德国	2005	427	2746	670	1414	2845	16	10 362	60	2	2234	581	517

3.2.2 产业领先企业通过核心技术专利布局增强竞争力

从创新主体在各技术分支上的专利分布（见表3-5）来看，三星电子、台积电、松下等行业巨头充分利用专利布局抢占技术制高点。

表3-5 主要企业在各技术分支的专利分布 （单位：件）

一级技术	二级技术	博世	霍尼韦尔	松下	三星电子	台积电	意法半导体	英飞凌	TDK	IBM	西门子	索尼	楼氏	中芯国际集成电路制造（上海）有限公司	歌尔
设计	MEMS 传感器	1345	428	76	45	64	278	231	115	28	99	14	199	51	296
	CMOS 图像传感器	96	8	562	2935	925	133	14	3	50	26	4243	0	135	0
	磁传感器	505	288	265	106	6	71	477	845	672	314	165	18	0	4
	激光/毫米波/超声波雷达	284	32	5	39	0	1	32	0	5	13	0	0	0	0
	带处理器的传感器	235	371	263	169	0	71	104	49	96	113	52	33	1	86
制造	MEMS 制造工艺	1830	168	78	262	319	312	320	59	233	113	163	45	79	37
	CMOS 制造工艺	2	0	1	222	92	13	2	0	13	2	201	0	70	0
	芯片集成电路制造工艺	456	0	3453	10 430	17 023	3277	3012	253	5222	2227	2080	0	6382	0
封装	MEMS 传感器封装	90	53	0	36	30	41	17	5	12	0	1	49	7	56
	CMOS 传感器封装	0	0	0	3	4	0	0	0	0	0	1	0	3	0
	芯片集成电路封装	0	145	1066	8856	3893	753	1239	90	1313	186	476	0	89	37
测试	传感器测试	151	27	15	29	6	9	21	3	10		51	3		10
	集成电路测试	22	2	308	710	233	201	282	7	400	98	48	1	358	0

其中三星电子、索尼在 CMOS 图像传感器设计环节的专利申请量占据绝对

优势；博世在 MEMS 传感器领域的专利申请量名列前茅，在雷达设计环节的专利申请也处于遥遥领先地位；TDK、IBM 重点布局磁传感器；霍尼韦尔、松下、博世在设计环节带处理器的传感器分支均有超 200 件专利申请；台积电、三星电子在制造环节专利申请总量均超万件，在封装环节也位于第一梯队。

3.2.3 专利运用与高额利润密切相关

传感器作为技术密集型产业，部分企业利用专利诉讼武器成功地获取商业利润，实现对市场的控制。表 3-6 为智能传感器领域中国专利侵权诉讼案件情况。

表 3-6 智能传感器领域中国专利侵权诉讼案件情况

涉案专利号	专利名称	技术分支	诉讼年	申请赔偿金额/万元	判决赔偿总额/万元	原告	被告
ZL200910272835.1	自动擦除式油中水分传感器	设计	2009	36	36	朱某某	长春市宏宇电子节能设备开发有限责任公司
ZL201420078461.6	电机速度传感器	设计	2017	30	15	佛山市兴宇物资有限公司	深圳市华夏磁电子技术开发有限公司
ZL200520103202.5	开关磁阻电动机调速系统电机传感器连接装置	设计	2008		7	北京中纺锐力机电	临淄电机电器厂
ZL02223506.X	可发光的超声波传感器探头	设计	2004	10	6	深圳市车卫士电子	广州威程电子科技有限公司
ZL201730272795.6	无线测温传感器（SPS061V2）	设计	2019	4	4	杭州休普电子技术有限公司	上海贤业电气科技有限公司
ZL200620025104.9	隐形耳机探测器	设计	2009	20		凌某某	北京蓝元高科信息技术
ZL201110288877.1	一种新型测量超高温介质压力的远传压力、差压变送器	设计	2016	108		上海洛丁森工业自动化设备有限公司	北京远东罗斯蒙特仪表有限公司
ZL88106087.9	直流电流传感器	设计	2000	120		杜某某、李某某	湖北迅迪科技有限公司

续表

涉案专利号	专利名称	技术分支	诉讼年	申请赔偿金额/万元	判决赔偿总额/万元	原告	被告
ZL201310106521.0	生物传感器	设计	2016	3000		艾物技术（杭州）有限公司	杭州微策生物技术有限公司
ZL200880017554.5	紧凑型、低成本的粒子传感器	设计	2015	800		罗杰·昂格尔	北京京东世纪信息技术有限公司

　　智能传感器领域中国专利诉讼集中在设计环节，其中艾康技术（杭州）有限公司请求的侵权赔偿金额为3000万元，为我国智能传感器领域请求赔偿额最高的专利侵权诉讼案例。目前，智能传感器法院判决赔偿额最高的专利侵权诉讼为专利号ZL200910272835.1，判赔36万元，并勒令长春市宏宇电子节能设备开发有限责任公司停产侵权产品。此外，在美国，2019年8月激光雷达龙头企业VELODYNE LIDAR在美国正式起诉中国两家初创公司上海禾赛光电和深圳市速腾聚创侵犯其专利（专利号为US7969558）。上海禾赛光电的市场范围不仅包括中国市场，还触及了北美和欧洲市场，深圳市速腾聚创已开拓欧洲市场并在美国设立了分支机构，使位于行业领先地位的Velodyne感到了威胁，欲通过专利诉讼来影响禾赛科技和速腾聚创在客户以及行业中的地位，此项专利诉讼的本质是欧美本土企业对我国激光雷达传感器进入国际市场的阻拦。

　　由此可见，智能传感器领域中专利对于市场有较强控制力，一方面可以有效保护自身的技术成果；另一方面，通过诉讼还可以将主要竞争对手驱逐出自己的"领地"，限制竞争对手的发展，获取商业利润，主导竞争格局。

3.2.4　总结

　　综上所述，从全球智能传感器产业发展来看，以美国、日本、韩国、德国为代表的发达国家和地区，以SK海力士、三星电子等为代表的跨国巨头处于全球产业发展的优势领先地位，通过全球专利布局一定程度上实现了对技术、产品和市场的控制。中国目前总体实力还较弱，尚不足以发挥出依靠专利控制力提升在全球产业发展话语权方面的作用，继续通过增强专利控制力来积极进行产业突围成为产业发展的重要选择之一。在智能传感器领域，从技术到市场，专利均发挥着较强的控制力。通过专利导航分析，可揭示智能传感器产业未来的发展方向、区域的定位，并能为区域的企业、技术、人才、专利协同运营等各方面的路径规划提供客观支撑建议，提升产业竞争力。

第四章 智能传感器产业专利全景分析

传感器是完成信息感知和信号转换的设备集合，是物联网、大数据、人工智能、智能制造等新一代信息技术的感知基础和数据来源，已成为推动经济转型升级与高质量发展的关键基础与重要引擎。随着产业规模的迅速扩张，产业竞争加剧，分工模式进一步细化，目前智能传感器产业链分为设计、制造、封装、测试。为尽早地占领全球市场，世界知名企业及科研院所均在智能传感器产业链的各个环节大量布局专利，通过对智能传感器全球、中国专利分析，能够了解智能传感器的技术发展趋势、全球专利分布情况、重点机构的研发能力，查找我国智能传感器领域的技术水平与国际其他国家或者地区的差异，为我国企业在集成电路技术发展上提供一定帮助。

4.1 专利发展态势分析

4.1.1 全球及主要国家专利申请趋势分析

专利申请趋势，一定程度上反映了技术的发展历程、技术生命周期的具体阶段，并可在一定程度上预测未来一段时间内该技术的发展趋势。智能传感器领域全球及主要国家的专利申请趋势如图4-1所示。

全球智能传感器1959年前处于技术萌芽期，全球申请量在500件以下，美国有少量的专利申请，其他国家还未申请相关专利。1960年至1974年进入缓慢增长阶段，申请量缓慢增长，申请量突破千件，日本开始布局该领域专利，但传感器产业相对计算机与通信技术仍然惨淡，该阶段发达国家大力发展计算机与通信技术，忽视了传感器技术发展，造成了"大脑"发达而"五官"迟钝的窘境。1975年至1993年，随着集成技术、分子合成技术、微电子技术及计算机技术的发展，传感器产业进入快速发展阶段，20世纪80年代初，美、日、德、法、英等国家相继确立加速传感器技术发展的方针，将传感器技术视为涉及科技进步、经济发展和国家安全的关键技术，纷纷列入长远发展规

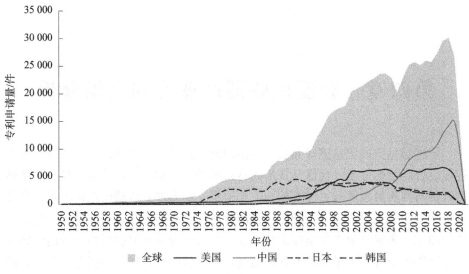

图 4 - 1 智能传感器产业全球及主要国家专利申请趋势

划和重点计划之中，并采取严格的保密规定进行技术封锁和控制，禁止技术出口，尤其是针对中国，日本在该阶段技术优势明显，而我国处于技术空白阶段。1994 年至 2008 年，专利申请量迅速增加，年申请量突破万件，韩国和美国申请量超越日本，我国在 21 世纪以后才开始进入快速发展阶段。2008 年受到国际金融危机的影响，全球申请量有所下降，2010 年以后申请量又迅速增加。由于智能传感器在物联网等行业具有重要作用，我国的传感器制造行业发展提到新的高度，从而催生研发热潮，我国成为申请量最多的国家，美、日、韩申请量基本稳定，说明该技术在这些国家进入成熟阶段，我国技术相对落后，正处于快速发展阶段。

4.1.2 天津市专利申请趋势分析

天津市智能传感器专利申请趋势如图 4 - 2 所示。天津市智能传感器技术发展与国内发展趋势基本一致，2000 年以前以实用新型专利为主，申请量在 10 件以下，2001 年至 2006 年申请量开始增长，但仍以实用新型为主，说明天津市在该行业技术仍然比较薄弱，2007 年以后发明专利申请量增多，进入快速发展阶段，2011 年申请量突破 100 件，近几年申请量仍然增长，但由图 4 - 2 可以看出，发明和实用新型申请量相当，说明天津市在该领域研发实力相对薄弱。

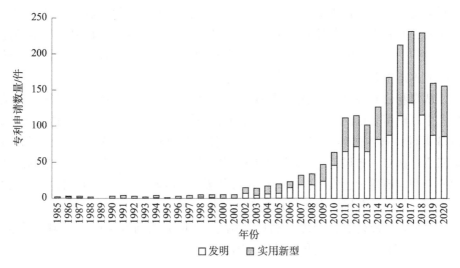

图 4 - 2 智能传感器产业天津市专利申请趋势

4.2 专利区域布局分析

4.2.1 主要国家/地区专利申请量分布

智能传感器专利技术原创国家/地区和专利布局目标国家/地区的专利申请数量分布见表 4 - 1。截至 2021 年 2 月 28 日,全球智能传感器申请总量71 万余件,以发达国家专利申请为主,发展中国家专利申请量超过千件的只有中国、印度和巴西。

表 4 -1 智能传感器产业主要国家/地区专利申请数量分布

专利技术原创		专利布局目标	
国家/地区	专利数量/件	国家/地区	专利数量/件
美国	182 538	美国	161 030
中国	121 608	中国	143 373
日本	186 929	日本	134 718
韩国	85 297	韩国	79 393
德国	33 729	德国	31 333

从专利技术原创国家(专利权人国别)看,日本、美国、中国、韩国是

专利主要来源国，日本申请量最多，超18万件；美国紧随其后，与日本创新主体相关专利申请十分接近，也超18万件；中国位列第三，相关专利申请超12万件。三国申请量总和占全球申请量的69%，说明美、日、中在智能传感器行业占据主要地位，其研发能力最强。

从专利公开国（目的国）来看，美、中、日、韩是主要受理国家，申请量占全球申请总量的72.8%，其中美国位列第一，16.1万件；中国位列第二，14.3万件；日本位列第三，13.5万件；韩国位列第四，7.9万件。美国为各国家或地区专利布局重点国家，中国其次，日本位列第三，且在美国布局的各国的专利申请量远远大于在本国布局的申请量，由此可见，美国、日本和中国为重要市场，为各国家专利布局的重点区域。

综上，智能传感器全球专利申请国家/区域分布高度集中，美国、日本、中国为主要的技术产出国和市场目标国。

4.2.2 中国作为专利技术来源国及中国专利分布

1. 中国作为专利技术来源国的专利分布

中国作为专利主要技术来源国专利申请数量及占比如图4-3所示。中国专利共计143 373件，以中国申请人为主，申请量超11万件，占比约82%，此外，日本、美国、韩国、德国申请人在中国均有专利申请，占比15%。上述数据可初步表明，我国在智能传感器技术的研发与投入上比较重视，研发热情较高，但其他国家和地区的申请人也比较重视我国的市场，因此要做好海外申请人的中国专利侵权风险评估。

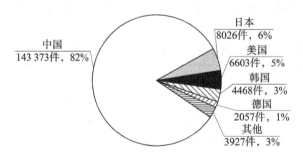

日本
8026件，6%
美国
6603件，5%
韩国
4468件，3%
德国
2057件，1%
其他
3927件，3%
中国
143 373件，82%

图4-3 智能传感器产业中国作为专利来源国的专利分布

2. 中国专利申请分布

中国专利申请分布如图4-4所示。中国智能传感器产业创新企业集聚效应明显，主要分布在上海、江苏、广东、北京。华东地区由于汽车、家电等电子产品制造能力突出,智能传感器市场规模位居全国第一,占比60%;工信部直属的中国电子信息产业发展研究院颁布的"2020传感器十大园区排名",华东地区上榜6个;从专利申请量来看,上海、江苏相关专利申请均超1.8万件,位于第一梯队,与其产业市场地位一致,浙江也排在全国第五名。中南和华北地区由于工业、3C等电子产品制造能力突出,市场规模分别居全国第二、第三位;从专利数量来看,中南地区的广东专利申请量为1.5万余件,位列第三。天津列第13位,申请量不足2000件,说明天津在该行业技术基础相对薄弱。

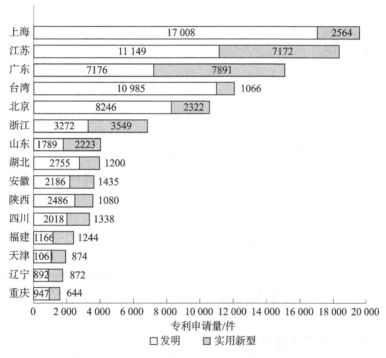

图4-4 智能传感器产业中国专利申请分布

4.2.3 天津市各区专利分布

天津市各区专利申请量排名如图4-5所示。滨海新区、南开区和西青区是天津市主要申请区,三个区申请量占天津市申请总量的72%,其中,滨海新区位列第一,但专利申请类型以实用新型居多;南开区位列第二,发明专利申请数量超过滨海新区;西青区专利申请量为300余件,位列第三。

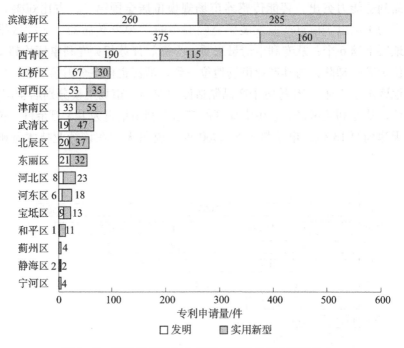

图4-5 智能传感器产业天津市各区专利申请量分布

4.3 专利权人竞争格局分析

4.3.1 全球专利申请人分析

1. 全球专利申请人类型分布

全球专利申请人类型分布如图4-6所示。全球专利申请人以企业为主，占比85%，说明该行业技术产业化程度比较高，技术应用比较广泛。院校/研究所申请人4.7万，占比7%，说明科研机构聚集着一批优质人才，天津市可通过技术合作或人才引进的方式提升本区域的技术实力。

2. 全球专利申请人的专利申请量排名

如图4-7所示，全球排名前20位的专利申请人以来自综合大型集团企业为主，主要来自日本、美国、韩国、欧洲等发达国家和地区，其中日本的企业最多，前20位的申请人中有9位来自日本。

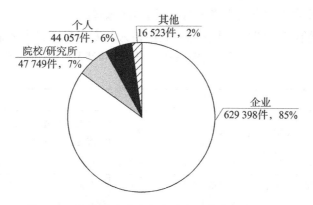

图4-6　智能传感器产业全球专利申请人类型分布

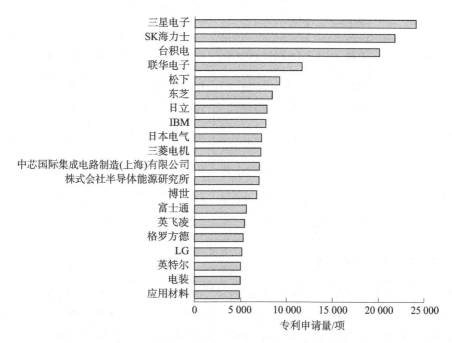

图4-7　智能传感器产业全球主要专利申请人的专利申请量排名

日本自20世纪80年代开始大力发展传感器，将传感器技术列为十年最值得关注的技术，松下、东芝、日立、日本电气、三菱电机申请量均位列全球排名前十位；同时，韩国在该行业也出现了一批优质企业，其中，来自韩国的三星电子、SK海力士分别位列第一、第二，在制造环节实力强；台积电和联华电子分别位列第三、第四，两者在传感器制造领域处于领先地位。

3. 细分技术全球专利申请人的专利申请量排名

智能传感器产业细分技术全球专利申请人的专利申请量排名见表4-2。

表4-2 智能传感器产业细分技术全球专利申请人的专利申请量排名

(单位：件)

设计									
MEMS 传感器		CMOS 图像传感器		磁传感器		激光雷达/毫米波雷达/超声波雷达		带处理器的传感器	
博世	1345	索尼	4244	TDK	854	博世	445	霍尼韦尔	370
霍尼韦尔	428	三星电子	2935	IBM	678	三菱电机	360	松下	266
歌尔	296	东部高科	1651	英飞凌	500	深圳市速腾聚创	269	博世	236
意法半导体	278	富士胶片	1535	博世	497	上海禾赛光电	183	松下电工	234
INVENSENSE	271	豪威科技	1256	阿莱戈微系统	495	深圳市镭神智能系统	138	日立化成	218
英飞凌	232	佳能	1164	飞利浦	454	通用汽车	125	三菱电机	212
亚德诺	220	东芝	984	阿尔卑斯电气	422	WAYMO	122	电装	210
楼氏	199	东部电子	939	日立化成	383	VELODYNE LIDAR	77	三星电子	205
村田制作所	201	台积电	916	村田制作所	368	高通	74	飞利浦	203
TDK	115	美格纳半导体		旭化成电子	350	威力登激光雷达	71	罗斯蒙德	203

制造									
MEMS 制造工艺		CMOS 制造工艺		芯片集成电路制造工艺		封装		测试	
博世	1828	东部电子	666	SK 海力士	17 885	三星电子	10 859	三星电子	752
三星电子	347	东部高科	391	台积电	17 065	台积电	3901	IBM	410
台积电	322	科洛司科技	255	联华电子	11 472	LG	3723	富士通	403
英飞凌	320	三星电子	225	三星电子	10 695	SK 海力士	3506	中芯国际集成电路制造（上海）有限公司	358
意法半导体	309	美格纳半导体	209	半导体能源研究所	6842	日月光	3452	三菱电机	350
精工爱普生	287	索尼	201	日立化成	5539	英特尔	2849	日本电气	348

制造						封装		测试	
MEMS 制造工艺		CMOS 制造工艺		芯片集成电路制造工艺					
弗劳恩霍夫应用研究促进协会	236	东部亚南半导体	94	IBM	5181	矽品精密	2238	SK 海力士	336
IBM	231	台积电	92	格罗方德	4813	京瓷	2073	松下	323
原子能和替代能源委员会	230	智慧投资	86	应用材料	4632	美光科技	1622	东芝	312
霍尼韦尔	164	SK 海力士	46	东芝	4590	日本电气	1601	英飞凌	302

（1）设计领域。

① MEMS 传感器设计分支。专利申请量排名靠前的博世、霍尼韦尔、意法半导体、楼氏、TDK 均为全球 MEMS 市场份额前 10 名企业。其中博世相关专利申请 1345 件，专利申请量在该技术分支遥遥领先，占全球申请量的10%，是汽车和消费电子行业 MEMS 传感器的先驱和全球主要供应商，在市场和专利上均具有明显优势；中国创新主体中歌尔专利申请近 300 件，具有一定优势，该企业是唯一一家进入 2019 年全球 MEMS 产业企业收入全球排行榜前十的中国企业。

② CMOS 图像传感器设计分支。由表 4－2 可以看出前 10 位申请人以日本企业居多，无中国大陆企业，索尼公司申请量 4244 件，三星电子申请量 2935件，远超其他企业，位于第一梯队，占全球申请量的近 20%，呈现一定技术垄断态势。从 CMOS 图像传感器的市场份额角度看，索尼已经占据了全球49.2%，三星电子占比 19.8%，两个申请人共占据了整体市场份额的近70%，在市场中也呈现垄断态势。

③ 磁传感器设计分支。前 10 位申请人均是国外企业，企业专利申请量较为接近，其中 TDK 位列第一，为 854 件，TDK 本身是第一家将铁氧体材料商业化的公司，是首批应用 TMR 技术的厂商，尤其是在汽车市场，用于汽车转向系统的磁角度传感，在磁传感器领域具有较大优势；IBM 公司位列第二，为678 件，IBM 公司投放市场的硬盘数据读取探头是 GMR 传感器的首次商业应用；英飞凌、博世、阿莱戈微系统申请量均在 500 件左右。总体来看，专利申请分布不是很集中，呈现出众多申请人共同研发、齐头并进的状态。中国创新

主体均未上榜，可见在磁传感器领域较国外优势企业还有较大差距。

④ 激光雷达/毫米波雷达/超声波雷达设计分支。前 10 位申请人中有 4 位是国内企业。博世位列第一，为 445 件，三菱电机位列第二，为 360 件，国内激光雷达领先，且开拓了海外市场的深圳市速腾聚创、上海禾赛光电、深圳市镭神智能系统分别列第三、第四、第五位，专利申请量为 100 ~ 300 件，另外，威力登激光雷达列第十位，申请量 71 件。国外激光雷达龙头 VELODYNELIDAR 专利申请 77 件，在专利布局上并未构成垄断地位，说明国内申请人在该技术分支具有一定的技术积累，在本分支领域有赶超国外巨头的可能。

⑤ 智能传感器设计分支。前 10 位申请人均为国外企业，以日本创新主体居多。其中霍尼韦尔以申请量 370 件，位列第一，其他 9 位申请人申请量均超 200 件，整体来看数量相差不大，我国企业均未排进前十位。可以看出，随着物联网技术的发展，国外企业已经开始大规模在该方向进行专利布局，我国企业也应加快该技术的研究，尽早进行全球专利布局。

（2）制造领域。

整体来看，专利申请量排名靠前的台积电、三星电子、联华电子均为全球制造市场前十名的企业。

① MEMS 制造工艺技术分支，博世作为 MEMS 传感器的主要供应商，申请量为 1828 件，遥遥领先于其他企业，占全球申请量的 10%，处于明显专利技术领先地位；其他申请人申请量差距不大，其中申请量超 300 件的有三星电子、台积电、英飞凌、意法半导体。

② CMOS 制造工艺技术分支，韩国企业技术优势较大，如东部电子、东部高科、三星电子、东部亚南半导体、美格纳半导体、SK 海力士均是韩国企业，其中东部电子专利申请 666 件，位列第一，东部高科专利申请接近 400 件，位列第二。

③ 芯片集成电路制造工艺技术分支，SK 海力士、台积电、联华电子、三星电子申请量均超 1 万件，总体占全球申请量的近 20%。

其中 SK 海力士、台积电位于第一梯队，申请量都在 1.7 万件以上，其他前 10 位申请人也均超 4000 件。

（3）封装领域。

三星电子在该技术领域申请量遥遥领先其他企业，超 1 万件；台积电、LG、SK 海力士、日月光申请量超 3000 件；英特尔、矽品精密、京瓷申请量超 2000 件；美光科技、日本电气超 1000 件。其中日月光在封装市场中占据最大市场份额，但申请量较三星电子很有大差距，也说明在本领域市场先于技术，还需要提高专利技术的产业化率。

（4）测试领域。

三星电子专利申请超 700 件位列第一，IBM、富士通分别位列第二、第三，申请量均超 400 件，其他 7 位申请人均超 300 件，国内企业只有中芯国际集成电路制造（上海）有限公司位列第四。

综上所述，在各细分技术分支，前 10 位申请人中，仅在 MEMS 传感器设计、激光雷达/毫米波雷达/超声波雷达和测试技术分支有少量我国创新主体，说明我国创新主体在智能传感器领域相对国外技术较薄弱，缺乏龙头企业，国际化品牌企业较少。

4.3.2　中国专利申请人分析

1. 中国专利申请人类型分布

中国专利申请人类型分布如图 4-8 所示，以企业申请人为主，占比 75%，在一定程度上反映了企业研发能力较强，专利保护意识高，企业加强研发经费的投入强度，成为专利技术创新的主体。但与全球专利申请人类型相比，我国院校/研究所专利申请人占比 17%，明显高于全球的 7%，说明我国科研院所及高校研究人才较为丰富。清华大学、北京大学、复旦大学等顶级学府均开设了集成电路专业，我国企业还需要加大研发投入，加强与研究机构的合作力度，将科研院所及高校优秀人才的研发成果，积极地转化为生产力，促进智能传感器产业的发展。

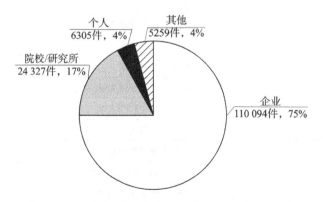

图 4-8　智能传感器产业中国专利申请人类型分布

2. 中国专利申请人的专利申请量排名

中国专利申请人排名见表 4-3，其中中芯国际集成电路制造（上海）有限公司和上海华虹宏力分别列第一、第二位，同时其他国家和地区也有一批优质企业在我国有大量的专利布局，如三星电子、SK 海力士均有超千件的专利申请，说明该行业重点企业都比较重视我国市场，在一定程度上说明我国智能传感器产业具有良好的市场应用前景。

前 20 位院校/研究所申请人（见表 4 - 3）中，中国科学院微电子研究所技术优势明显，申请量领先其他科研机构，与中芯国际、华进半导体、北方华创等企业结为战略合作伙伴，在北京、江苏、湖北、四川、广东、湖南等地开展科技成果转移转化。电子科技大学、西安电子科技大学、清华大学均有超 500 件的专利申请，天津大学列第 10 位，天津市可考虑与其开展产学研合作。

表 4 - 3　智能传感器产业中国专利申请人的专利申请量排名　　（单位：件）

企业申请人		院校/研究所申请人	
中芯国际集成电路制造（上海）有限公司	5972	中国科学院微电子研究所	1607
上海华虹宏力	3643	电子科技大学	639
台积电	3401	西安电子科技大学	586
中芯国际集成电路制造（北京）有限公司	2757	清华大学	548
上海华力微电子	1791	东南大学	495
三星电子	1634	中国科学院上海微系统研究所	469
联华电子	1325	中国科学院半导体研究所	442
SK 海力士	1107	浙江大学	397
日月光	1105	上海交通大学	341
江苏长电	1050	天津大学	322
武汉华星光电	846	北京大学	312
长江存储	837	西安交通大学	297
株式会社半导体能源研究所	700	华中科技大学	285
英飞凌	693	复旦大学	249
华润上华	690	北京航空航天大学	225
矽品精密	588	哈尔滨工业大学	222
华进半导体	559	大连理工大学	214
上海集成电路研发中心	551	北京工业大学	211
歌尔	531	华南理工大学	206
南通富士通微电子	517	中国电子科技集团公司第十三研究所	202

3. 细分技术中国专利申请人的专利申请量排名

智能传感器产业细分技术中国专利申请人的专利申请量排名前20位见表4-4。

表4-4　智能传感器产业细分技术中国专利申请人的专利申请量排名

（单位：件）

设计									
MEMS 传感器		CMOS 图像传感器		磁传感器		激光雷达/毫米波雷达/超声波雷达		带处理器的传感器	
歌尔	296	三星电子	325	江苏多维科技	123	深圳市速腾聚创	221	歌尔	86
瑞声声学	149	豪威科技	293	TDK	81	深圳市镭神智能系统	129	国家电网	76
博世	113	索尼	281	英飞凌	68	上海禾赛光电	124	浙江大学	66
东南大学	104	德淮半导体	274	旭化成电子	42	博世	77	电子科技大学	45
共达电声	75	东部高科	257	精工爱普生	38	北京万集科技	67	天津大学	44
中国科学院上海微系统与信息技术研究所	65	格科微电子	189	中国科学院上海微系统与信息技术研究所	38	北醒（北京）光子科技	59	瑞声声学	42
上海交通大学	54	上海集成电路研发中心	159	村田制作所	37	中国科学院上海光学精密机械研究所	57	清华大学	41
西安交通大学	48	台积电	143	NXP	34	北京北科天绘科技	45	上海兰宝传感科技	41
钰太芯微电子	40	北京思比科微电子	118	日立环球储存科技	34	上海禾赛科技	39	汉威科技	30
清华大学	40	成都微光集电科技	97	博世	32	武汉大学	38	共达电声	29
中芯国际集成电路制造（上海）有限公司	185	东部电子	69	中芯国际集成电路制造（上海）有限公司	5400	江苏长电	1033	中芯国际集成电路制造（上海）有限公司	344

制造					封装		测试	
MEMS 制造工艺		CMOS 制造工艺		芯片集成电路制造工艺				
博世	170	东部亚南半导体	63	上海华虹宏力	3503	三星电子	990	上海华力微电子	241
东南大学	140	中芯国际集成电路制造（上海）有限公司	56	台积电	2846	日月光	936	上海华虹宏力	168
中国科学院上海微系统与信息技术研究所	127	上海集成电路研发中心	39	中芯国际集成电路制造（北京）有限公司	2510	台积电	741	中芯国际集成电路制造（北京）有限公司	137
上海交通大学	112	上海华力微电子	29	上海华力微电子	1598	矽品精密	575	台积电	60
北京大学	86	豪威科技	28	中国科学院微电子研究所	1477	通富微电子	474	上海华岭集成电路	54
清华大学	74	中芯国际集成电路制造（北京）有限公司	26	联华电子	1307	南茂科技	375	武汉新芯集成电路	43
中芯国际集成电路制造（北京）有限公司	73	上海华虹宏力	22	SK 海力士	860	盛合晶微半导体	375	三星电子	41
台积电	65	索尼	21	长江存储	825	华进半导体	369	中国科学院微电子研究所	35
英飞凌	52	德淮半导体	19	半导体能源研究所	691	苏州晶方半导体	267	电子科技大学	32

（1）设计领域。

MEMS 传感器设计分支，专利申请排名前十位的除博世外，均为国内创新主体，高校及科研机构申请人占 5 位。企业创新主体中仅中国 MEMS 市场龙头企业歌尔、MEMS 麦克风优势企业瑞声声学专利申请位列前茅，共达电声、钰太芯微电子专利技术均为 MEMS 麦克风。可见 MEMS 传感器设计领域我国企业主要集中在 MEMS 麦克风方向，在其余 MEMS 传感器类型上技术研发实力比较薄弱。CMOS 图像传感器设计分支，前 5 位申请人均是国外企业，中国大陆创新主体中仅格科微电子、上海集成电路研发中心、北京思比科微电子、成都微光集电科技位列前 10，相关专利数量均低于 200 件，说明 CMOS 图像传感器技术壁垒高，主要掌握在日、韩企业手中，我国创新主体研发实力弱。磁传感器领域，中国创新主体仅江苏多维科技、中国科学院上海微系统与信息技术研究所排名前 10 位，专利申请数量分别为：123 件、38 件，国外优势企业 TDK、英飞凌、旭化成电子、精工爱普生、村田制作所、NXP 等均十分重视中国市场，但专利申请数量均不超过百件，并未形成垄断，中国创新主体还有赶超空间。激光雷达领域，专利优势企业以中国企业创新主体为主，其中国内技术领先且开拓了海外市场的深圳市速腾聚创（221 件）、深圳市镭神智能系统（129 件）、上海禾赛光电（124 件）专利申请位列前 3，此外北醒（北京）光子科技、北京北科天绘科技均专注于激光雷达产品的研发和生产，国外企业仅博世在中国有相关专利申请 77 件，可见在激光雷达领域，我国已拥有一批具备研发基础和专利实力较强的企业。带处理器的传感器领域，专利申请量排名靠前的均为中国创新主体，但专利申请数量均低于百件，无明显的优势企业。

（2）制造领域。

中芯国际在芯片集成电路制造工艺、MEMS 制造工艺、CMOS 制造工艺专利申请均排名靠前，此外，MEMS 制造工艺方面中国创新主体以科研高校为主，说明我国 MEMS 制造工艺的研发实力还较弱，还处于研究阶段。CMOS 制造工艺，中国专利申请量排名前十的创新主体专利申请量均低于百件，且各申请人专利申请量差距较少，非本领域热点专利布局方向，中国创新主体中中芯国际、上海集成电路研发中心、上海华力微电子、上海华虹宏力排名靠前。芯片集成电路制造工艺，中芯国际中国专利申请 5400 件，遥遥领先于其他创新主体，上海华虹宏力专利申请 3503 件，位列第 2，科研高校中中国科学院微电子研究所（1477 件）位列第 6，其与中芯国际、华进半导体、北方华创等企业结为战略合作伙伴，在北京、江苏、湖北、四川、广东、湖南等地开展科技成果转移转化。

（3）封装领域。

中国专利申请人前十位主要为封装服务提供商。位于江苏省无锡市的江苏长电中国专利申请 1033 件排名第一，该公司拥有 QFN、BGA、FCBGA、SiP、WLCSP、Bumping 等先进封测技术，其投资的华进半导体封装先导技术研发中心（专利申请 369 件）位列第九。排名第六的通富微电子（474 件）近几年业务稳步增长，并完成了 AMD 苏州和 AMD 槟城两个工厂的收购，拥有 Bumping、WLCSP、FC、BGA、SiP 等先进封测技术；排名第八的盛合晶微半导体（江阴）

有限公司（原中芯长电半导体），是中芯国际和江苏长电共同投资，专注于移动芯片及物联网密切相关的多芯片三维叠加连接相关的先进工艺开发和制造；位列第 10 的苏州晶方半导体专利申请 267 件，从事影像传感芯片（CCD 和 CMOS）晶圆级芯片封装。此外，封装巨头日月光、台积电、矽品精密、南茂科技专利申请量分别为 936 件、741 件、575 件、375 件。

（4）测试领域。

中国专利前十位申请人，以中国大陆创新主体为主（8 位），全球龙头企业台积电、三星电子中国专利申请排名分别为第五、第八位。其中仅中芯国际、上海华力微电子、上海华虹宏力专利申请超过百件。上海华岭集成电路、武汉新芯集成电路、中国科学院微电子研究所、电子科技大学有一定的专利累积。

综上，智能传感器产业中国专利整体上以中国创新主体申请为主，但在产业链各环节，全球龙头企业均十分重视中国专利布局，尤其是在 CMOS 图像传感器设计、芯片集成电路制造工艺、封装技术领域。

4.3.3　天津市专利申请人分析

1. 天津市专利申请人类型分布

智能传感器产业天津市专利申请人类型分布如图 4-9 所示。天津市企业申请人占比 55%，相比全球及国内企业申请人占比较低；院校/研究所申请人占比达 36%，说明天津市企业在智能传感器产业的研发基础相对较弱，企业研发实力相对较弱。天津科研高校具有一定研发基础，天津大学占主要领导地位。

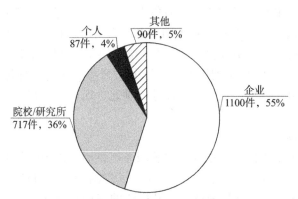

图 4-9　智能传感器产业天津市专利申请人类型

2. 天津市专利申请人的专利申请量排名

天津市前 20 位申请人（见表 4-5）中有 9 位是院校/科研院所申请人，

其中天津大学申请量 322 件、位列第一，遥遥领先，天津大学仪器科学与技术专业在全国排名第三，其 3 个主要研究方向为过程监测与系统、现代传感器与测试数据技术及系统、精密测量与控制技术。仪器智能是国家重点学科，还建立了天津大学国家集成电路人才培养基地，在智能传感器和芯片集成电路领域均有较好基础。此外天津高校中南开大学、天津理工大学及天津职业技术师范大学均列前 10 位，企业申请人只有中芯国际集成电路制造（天津）有限公司申请量超 60 件，其他企业申请人均在 40 件以下，说明天津市企业研发实力薄弱。

表 4-5　智能传感器产业天津市主要申请人专利申请量　（单位：件）

当前申请（专利权）人	申请量
天津大学	322
中芯国际集成电路制造（天津）有限公司	65
南开大学	61
天津理工大学	46
天津职业技术师范大学	42
迈尔森电子（天津）有限公司	40
天津中环电子照明科技有限公司	38
中国电子科技集团公司第四十六研究所	32
中环天仪股份有限公司	25
天津环鑫科技发展有限公司	22
天津三安光电有限公司	21
鼎佳（天津）汽车电子有限公司	20
国家海洋技术中心	19
中国船舶重工集团公司第七零七研究所	18
天津中环半导体股份有限公司	16
天津工业大学	15
天津宇创屹鑫科技有限公司	13
中国电子科技集团公司第十八研究所	12
天津铭景电子有限公司	12
天津津航计算技术研究所	12
诺思天津微系统有限责任公司	11
天津师范大学	10
天津晶岭微电子材料有限公司	10
芯鑫融资租赁天津有限责任公司	10
天津中环领先材料技术有限公司	10
中国民航大学	10
宜科（天津）电子有限公司	9

4.4 专利布局热点技术方向分析

4.4.1 全球专利布局热点

图 4-10 为智能传感器产业链各环节全球专利构成及申请趋势。全球智能传感器行业制造领域专利申请 31 万余件，占比 43%；设计领域相关专利申请超 25 万件，占比 35%，说明申请人比较重视制造和设计领域的专利布局。此外封装和测试的占比分别为 19% 和 3%。从申请趋势来看，制造、封装和测试领域申请量基本稳定，设计领域申请量逐年增长，说明智能传感器设计正成为该行业的研发热点。

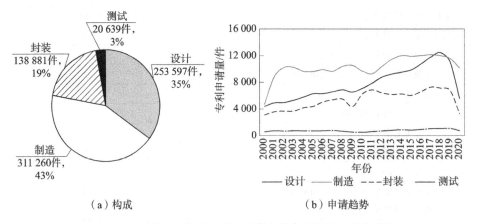

（a）构成　　　　　　　　　　　（b）申请趋势

图 4-10　智能传感器产业链各环节全球专利构成及申请趋势

由智能传感器设计环节各技术分支专利构成及申请趋势（见图 4-11）可以看出，在设计领域，CMOS 图像传感器专利申请量最多，2001 年开始该传感器申请量增多，2008 年以后有所减少，2011 年申请量保持稳定，且专利申请量仍高于其他细分领域；磁传感器、带处理器的传感器、MEMS 传感器 2011—2020 年均呈稳定增长趋势，其中带处理器的传感器的年申请量仅低于 CMOS 图像传感器；雷达 2016—2020 年专利申请迅猛增长，2017 年后专利年申请量已超过磁传感器和 MEMS 传感器，说明 CMOS 传感器、带处理器的传感器、激光雷达正成为全球专利布局热点。

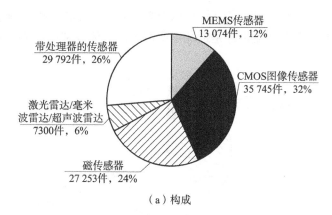

（a）构成

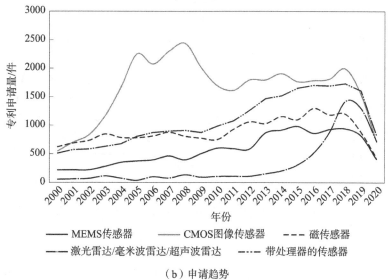

（b）申请趋势

图4-11　智能传感器设计环节各技术分支专利构成及申请趋势

4.4.2　中国专利布局热点

　　图4-12为智能传感器产业链各环节中国专利构成及申请趋势。中国在智能传感器产业链各环节专利占比与全球保持一致，即制造和设计领域占比较高，是中国专利布局的热点。中国专利在设计领域的占比低于全球占比，而在封装领域占比高于全球占比，这与中国在传感器设计尤其是高端传感器设计领域与国外企业有较大差距、在封装市场占据一定优势的产业现状较为吻合。从2000—2020年申请趋势看，各技术分支专利申请均有增长。设计领域2011—

2020 年增长速度较快，2014 年后设计领域专利年申请量已超过制造领域，位列第一，说明智能传感器设计是近几年中国创新主体专利布局热点方向。

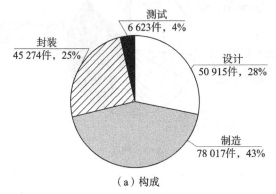

（a）构成

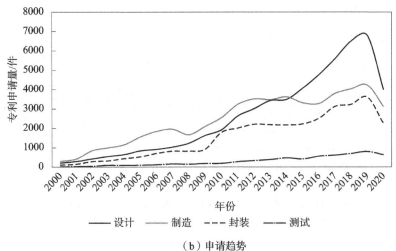

（b）申请趋势

图 4-12　智能传感器产业链各环节中国专利构成及申请趋势

图 4-13 为智能传感器设计各细分技术中国专利构成及申请趋势。在设计领域，智能传感器设计相关的中国专利申请总量超 9000 件，位列第一，进入 21 世纪以来，申请量逐年增长，2019 年年申请量达到了 1000 件，说明智能传感器是我国的专利布局热点，同时雷达传感器 2016—2020 年申请量增长较快，专利年申请量已超过除带处理器的传感器外的其他细分领域已成为布局热点。

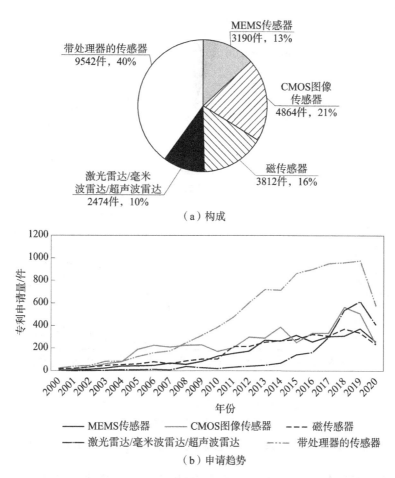

（a）构成

（b）申请趋势

图4-13　智能传感器产业设计环节各技术分支中国专利构成及申请趋势

4.4.3　天津市专利布局热点

图4-14为智能传感器产业链各环节天津市专利技术构成及申请趋势。天津市整体专利申请数量较少，在智能传感器产业链专利布局方面，与全球、中国专利布局重点在制造环节不同，天津市的设计环节相关专利申请占据明显优势，占比高达64%，为天津市创新主体的主要研发和布局方向，而制造、封装环节专利占比明显低于全球、中国。这与天津市智能传感器产业以传感器设计和应用企业为主、缺乏封装企业的现状较为一致。

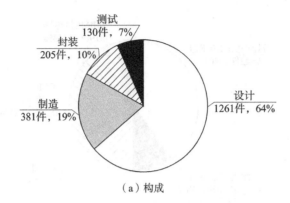

（a）构成

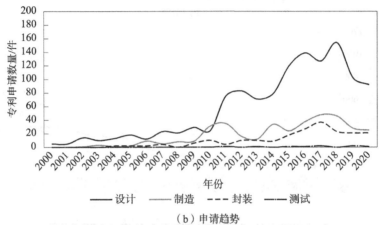

（b）申请趋势

图 4－14　智能传感器产业链各环节天津市专利技术构成及申请趋势

从设计环节各技术分支天津市专利构成及申请趋势（见图 4－15）来看，天津市创新主体在带处理器的传感器分支的专利申请为 313 件，占比高达 60%。集成了微处理的智能传感器，已是一个小型的检测仪器仪表，天津市在智能网联汽车、家用电器等传感器应用领域具有较大需求，因此智能传感器的相关申请数量相对较多。天津在 CMOS 图像传感器、磁传感器分支的专利申请数量分别为 94 件、59 件，在雷达、MEMS 传感器分支的申请数量明显不足。

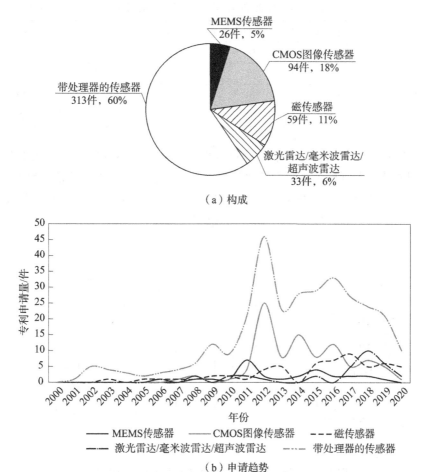

（a）构成

（b）申请趋势

图 4 – 15　智能传感器设计环节各技术分支天津市专利构成及申请趋势

4.5　中国专利运用活跃情况分析

由表 4 – 6 可以看出，中国专利运用方式主要为权利转移，其中制造环节权利转移的专利数量最多，接近 7000 件。虽然中国在制造环节的专利申请占比最大，但制造环节的质押、许可、诉讼、无效专利的数量均不及设计环节。此外封装环节也为中国质押和许可的热点。

表4-6　智能传感器产业中国专利运用情况　　　　（单位：件）

环节	权利转移	质押	许可	诉讼	无效
设计	3779	258	383	33	70
制造	6937	112	143	12	15
封装	2922	210	257	17	32
测试	545	21	29	0	2

由图4-16可以看出，中国专利运用在产业链各环节的占比均低于全球，说明智能传感器领域中国专利数量虽然已占据一定优势，但高价值专利相对较少，专利整体质量有待提高，其中，在制造环节专利运用相对其他环节较高，设计环节虽然申请量较多，但专利运用占比较少。

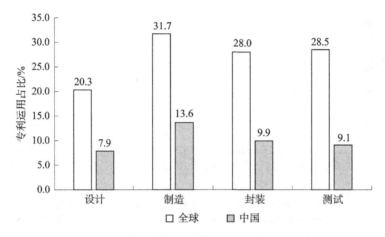

图4-16　智能传感器产业全球及中国专利运用占比

专利许可是指专利技术所有人或其授权人许可他人在一定期限、一定地区、以一定方式实施其所拥有的专利，并向他人收取使用费用的法律行为。由中国专利许可率（见表4-7）可以看出，个人申请人专利许可率较高，特别是实用新型专利占比3.6%，院校/研究所占比不足1%，企业申请人许可率最低。

表4-7　中国专利许可率　　　　（单位：%）

分类	企业	院校/研究所	个人	其他	总体
发明	0.2	0.8	1.0	0.4	0.4
新型	0.8	0.9	3.6	0.1	1.0

专利转移是指将专利申请权或专利所有权转让给他人的一种法律行为，由

中国专利转让率（见表4－8）可以看出，企业申请人专利转让率较高，特别是发明专利，但是通常是企业内部的转让，院校/研究所转让率较低，说明我国科技成果转化率较低，企业可通过购买专利的行为提升技术储备质量。

表4－8　智能传感器产业中国专利转让率　　　　　　　　（单位:%）

分类	企业	院校/研究所	个人	总体
发明	12.0	2.2	4.4	10.7
新型	8.2	1.4	1.4	7.1

4.6　重点专利

4.6.1　涉诉专利●

由智能传感器产业各环节涉诉专利数量（见图4－17）可以看出，制造领域涉诉专利数量最多，占比37%，其次是封装领域，占比33%，设计领域虽然申请量最多，但其涉诉专利数量较少。

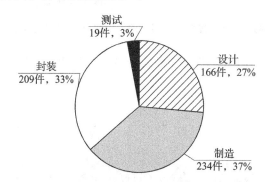

图4－17　智能传感器产业各环节全球涉诉专利数量及占比

涉诉专利较多的专利权人如图4－18所示，日月光半导体位列第一，26件专利，主要涉及封装技术；其次是贝尔半导体，涉及封装及制造；台积电15件，涉及制造。可见，智能传感器优势企业擅长利用专利诉讼武器成功地获取商业利润，实现对市场的控制，且存在如知识产权之桥一号有限责任公司

● 涉诉专利是指，在智慧芽、incoPat等数据库检索到的发生过专利侵权纠纷、专利权权属纠纷、专利申请权权属纠纷等情况的专利。

此类专门以发起专利侵权诉讼获取利润的知识产权运营公司，我国企业尤其是有出口业务的企业，要做好专利预警工作。

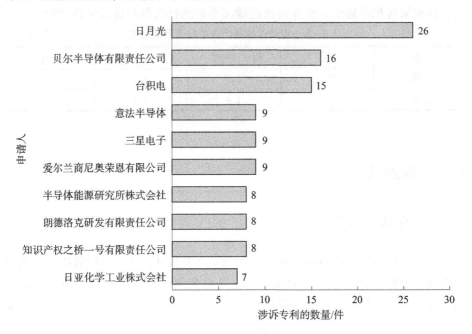

图4-18　智能传感器产业涉诉专利专利权人排名

全球涉诉专利共计601件，主要国家或地区发生涉诉专利的数量及占比如图4-19所示。

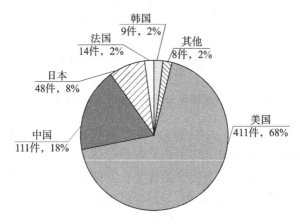

图4-19　智能传感器产业主要国家或地区涉诉专利的数量及占比

表4-9为智能传感器产业中国涉诉专利列表。

表4-9 智能传感器产业中国涉诉专利

序号	公开（公告）号	标题	申请日	当前申请（专利权）人	法律状态
1	CN206609444U	一种电气隔离型光电传感器	2017-03-01	上海道鲲科技有限公司	有效
2	CN103092441B	柔性触摸传感器	2012-10-17	索拉斯OLED有限公司	失效
3	CN106770500A	一种MEMS金属氧化物半导体气体传感器低功耗工作方法	2017-03-06	武汉微纳传感技术有限公司	失效
4	CN106546702A	一种可挥发性有机物气体敏感材料及其制造方法	2016-11-03	武汉微纳传感技术有限公司	失效
5	CN103412012B	生物传感器	2013-03-28	艾康生物技术（杭州）有限公司	有效
6	CN102954753B	电容式距离传感器	2012-10-22	苏州迈瑞微电子有限公司	有效
7	CN102901858B	一种电流传感器	2012-10-24	无锡乐尔科技有限公司	有效
8	CN102680009B	线性薄膜磁阻传感器	2012-06-20	宁波希磁电子科技有限公司	有效
9	CN102721427B	一种薄膜磁阻传感器元件及薄膜磁阻电桥	2012-06-20	宁波希磁电子科技有限公司	有效
10	CN103017974B	一种新型测量超高温介质压力的远传压力、差压变送器	2011-09-26	上海洛丁森工业自动化设备有限公司	有效
11	CN102969422B	高出光率倒装结构LED的制作方法	2012-12-17	中国科学院半导体研究所	有效
12	CN203759041U	电机速度传感器	2014-02-22	佛山市兴宇物资有限公司	失效
13	CN203132562U	线性薄膜磁阻传感器、线性薄膜磁阻传感器电路及闭环电流传感器与开环电流传感器	2012-06-20	宁波希磁电子科技有限公司	有效
14	CN202994175U	一种薄膜磁阻传感器元件及薄膜磁阻电桥半桥和全桥	2012-06-20	宁波希磁电子科技有限公司	有效

续表

序号	公开（公告）号	标题	申请日	当前申请（专利权）人	法律状态
15	CN202994176U	具有聚磁层的线性薄膜磁阻传感器及线性薄膜磁阻传感器电路	2012-06-20	宁波希磁电子科技有限公司	有效
16	CN202939205U	TMR 电流传感器	2012-11-26	无锡乐尔科技有限公司	有效
17	CN101715550B	紧凑型、低成本的粒子传感器	2008-05-12	盛思锐股份公司	有效
18	CN202159700U	LED 光源矩形集成封装基板	2011-06-23	安徽瑞煌光电科技有限公司	失效
19	CN202150485U	一种矩形集成封装大功率 LED 光源模块	2011-06-23	安徽瑞煌光电科技有限公司	失效
20	CN202150486U	一种大功率 LED 光源圆形集成封装基板	2011-06-23	安徽瑞煌光电科技有限公司	失效
21	CN201845773U	大功率 LED 封装模组	2010-08-27	苏州科医世凯半导体技术有限责任公司	失效
22	CN201812852U	一种大功率 LED 集成光源封装基板	2010-08-27	安徽瑞煌光电科技有限公司	失效
23	CN201796945U	一种 LED 光源封装电极	2010-01-23	安徽瑞煌光电科技有限公司	失效
24	CN101271129B	传感器式高压电能计量方法	2007-03-22	淄博计保互感器研究所	有效
25	CN101256989B	垂直结构的半导体外延薄膜封装及制造方法	2008-01-31	亚威朗光电（中国）有限公司	失效
26	CN100578825C	垂直结构的半导体芯片或器件（包括高亮度 LED）及其批量生产方法	2004-09-06	亚威朗光电（中国）有限公司	失效
27	CN100547817C	导电的非极化的复合氮化镓基衬底及生产方法	2006-02-26	亚威朗光电（中国）有限公司	失效

序号	公开（公告）号	标题	申请日	当前申请 （专利权）人	法律 状态
28	CN100547816C	非极化的复合氮化镓基衬底及生产方法	2006-02-26	亚威朗光电（中国）有限公司	失效
29	CN100547818C	垂直结构的非极化的氮化镓基器件及侧向外延生产方法	2006-05-09	浙江亚威朗科技有限公司	有效
30	CN100530622C	垂直结构的半导体芯片或器件及制造方法	2007-05-14	浙江亚威朗科技有限公司	有效
31	CN201260243Y	自动贴片的麦克风	2008-08-15	歌尔	失效
32	CN100444415C	气密式高导热芯片封装组件	2004-07-06	傅立某	失效
33	CN201016997Y	传感器式高压电能计量表	2007-03-22	淄博计保互感器研究所	失效
34	CN1329988C	带有防静电二极管的金属化硅芯片及其制造工艺	2005-07-22	浙江亚威朗科技有限公司	有效
35	CN1304536C	纳米微乳化燃油增效剂及其制备方法	2003-08-20	北京博纳士科技有限公司	失效
36	CN2821583Y	隐形耳机探测器	2006-01-04	凌子某	失效
37	CN2795820Y	一种流量传感器的均速管	2005-05-16	北京巍迩缔思科技发展有限公司	失效
38	CN1081683C	一种外延反应器	1995-09-14	LPE 公司	失效
39	CN2482694Y	穿孔式直流小电流传感器	2001-07-10	尹武某，陈汉某，范群某，深圳市迦威电气有限公司	失效
40	CN1081022A	一种半导体器件及其制造方法	1993-03-27	株式会社半导体能源研究所	失效
41	CN1016816B	直流电流传感器	1988-08-13	杜厚某，李静某	失效

4.6.2 无效后仍维持有效的专利●

表4-10至表4-13列出了智能传感器产业无效后仍维持有效的专利,说明这些专利稳定性较好,企业应加以重视,避免专利侵权。

其中,设计环节51件(见表4-10)、制造环节28件(见表4-11)、封装环节45件(见表4-12)、测试环节8件(见表4-13)。

表4-10 设计领域无效后仍维持有效的专利

序号	公开(公告)号	标题	当前申请(专利权)人	申请日
1	US10728653B2	Ceiling tile microphone	克里而万通讯公司	2016/7/25
2	CN107666645B	具有双振膜的差分电容式麦克风	苏州敏芯微电子技术股份有限公司	2017/8/14
3	CN209821114U	气体传感器结构	郑州美克盛世电子科技有限公司	2019/4/30
4	CN209624375U	一种具有螺旋腔体的气体传感器	爱尔兰商尼奥荣恩有限公司	2019/1/24
5	US10088960B2	Sensor stack with opposing electrodes	嘉友电子股份有限公司	2015/9/10
6	TWI615041B	无线麦克风之讯号接收结构	深圳市汇顶科技股份有限公司	2013/6/7
7	CN104217193B	电容指纹感应电路和感应器	杭州微策生物技术股份有限公司	2014/3/20
8	CN206431093U	一种开放式扩散控制区生物传感器	伊利诺斯工具制品有限公司	2016/12/1
9	CN206208435U	压力传感器	广东奥迪威传感科技股份有限公司	2015/6/2
10	CN205787114U	一种超声波传感器	爱尔兰商尼奥荣恩有限公司	2016/6/23
11	US9411472B2	Touch sensor with adaptive touch detection thresholding	歌尔	2011/12/8
12	CN205305058U	麦克风电路板和 MEMS 麦克风	歌尔	2015/12/29

● 无效后仍维持有效的专利是指,经无效宣告请求审查程序后仍维持部分或全部有效的专利。

序号	公开（公告）号	标题	当前申请（专利权）人	申请日
13	CN205283815U	一种 MEMS 麦克风芯片及 MEMS 麦克风	卡夫里科公司	2015/11/30
14	CN102980714B	组合压力/温度的紧凑型传感器组件	SOLAS OLED LTD	2012/8/17
15	US9256311B2	Flexible touch sensor	孙远某	2011/10/28
16	CN204887466U	MEMS 麦克风	瑞声声学	2015/7/31
17	CN103412012B	生物传感器	艾康生物技术（杭州）有限公司	2013/3/28
18	CN204480196U	一种导电膜和金属网格触摸传感器	上海大我科技有限公司	2015/2/5
19	CN204316746U	一种 MEMS 传感器和 MEMS 麦克风	歌尔	2014/11/28
20	CN103017974B	一种新型测量超高温介质压力的远传压力、差压变送器	上海洛丁森工业自动化设备有限公司	2011/9/26
21	CN204115948U	压力传感器	歌尔	2014/4/30
22	CN204090150U	电容式微硅麦克风	苏州敏芯微电子技术股份有限公司	2014/8/11
23	CN204014057U	一种 MEMS 麦克风	歌尔	2014/7/31
24	CN203893816U	角度传感器	宝德科技股份有限公司	2014/6/24
25	CN203872328U	入耳式耳机麦克风组合	3M 创新有限公司	2014/5/5
26	US20140218052A1	Touch screen sensor	3M 创新有限公司	2014/2/6
27	US8704799B2	Touch screen sensor having varying sheet resistance	爱尔兰商尼奥荣恩有限公司	2012/8/21
28	US8610009B2	Capacitive touch sensors	爱尔兰商尼奥荣恩有限公司	2009/7/10
29	US8502547B2	Capacitive sensor	歌尔	2010/11/4
30	CN202957979U	MEMS 麦克风	爱尔兰商尼奥荣恩有限公司	2012/11/23
31	CN202956488U	具有摄像功能的激光雷达	四川兴达明科机电工程有限公司	2012/10/31
32	US8432173B2	Capacitive position sensor	爱尔兰商尼奥荣恩有限公司	2011/5/27
33	CN202885853U	一种传感器结构件	浙江慧仁电子有限公司	2012/11/21

序号	公开（公告）号	标题	当前申请（专利权）人	申请日
34	US20130057480A1	Signal – to – Noise Ratio in Touch Sensors	广东福尔电子有限公司	2011/9/7
35	CN202747994U	一种新型霍尔式角位移传感器	3M 创新有限公司	2012/8/7
36	CN202582777U	一种新型电饭煲温度传感器	米柳斯股份责任有限公司	2012/4/28
37	US8274494B2	Touch screen sensor having varying sheet resistance	3M 创新有限公司	2009/2/26
38	CN202374441U	硅微麦克风	盛思锐股份公司	2011/10/31
39	CN101144725B	电感式位置传感器	爱尔兰商尼奥荣恩有限公司	2007/7/18
40	US8179381B2	Touch screen sensor	CASTLEMORTON WIRELESS LLC	2009/2/26
41	CN101715550B	紧凑型、低成本的粒子传感器	爱尔兰商尼奥荣恩有限公司	2008/5/12
42	CN202085303U	一种硅麦克风	埃斯科特公司	2011/5/27
43	US20110242051A1	Proximity Sensor	汉斯·乌尔里克·迈耶	2011/5/26
44	US7835421B1	Electric detector circuit	泽肯公司	1990/1/22
45	US7821502B2	Two – dimensional position sensor	克里而万通讯公司	2006/7/5
46	US7576679B1	Radar detector with position and velocity sensitive functions	苏州敏芯微电子技术股份有限公司	2007/1/5
47	CN100491896C	带有游标和耦合标尺的感应式位置传感器	郑州美克盛世电子科技有限公司	2003/7/2
48	CN100425102C	采用宽带止滤波器并具有增强抗静电放电性的电容式麦克风	爱尔兰商尼奥荣恩有限公司	2003/6/10
49	US6989662B2	Sensor auto – recalibration	嘉友电子股份有限公司	2004/4/29
50	US6693557B2	Vehicular traffic sensor	深圳市汇顶科技股份有限公司	2001/9/27

表 4-11　制造领域无效后仍维持有效的专利

序号	公开（公告）号	标题	当前申请（专利权）人	申请日
1	CN107140598B	一种微机电系统及其制备方法	苏州敏芯微电子技术股份有限公司	2017/3/24
2	US20170365620A1	Semiconductor Chip and Method for Manufacturing the Same	美商泰拉创新股份有限公司	2017/9/6
3	US20170358600A1	Semiconductor Chip and Method for Manufacturing the Same	美商泰拉创新股份有限公司	2017/8/28
4	US9601603B2	Method for manufacturing semiconductor device	株式会社半导体能源研究所	2016/3/16
5	CN205752106U	铝栅 CMOS 双层金属布线的版图结构	陈军某	2016/3/7
6	CN104140072B	微机电系统与集成电路的集成芯片及其制造方法	苏州敏芯微电子技术股份有限公司	2013/5/9
7	CN103991836B	微机电系统传感器的制造方法	苏州敏芯微电子技术股份有限公司	2013/2/19
8	US9142400B1	Method of making a heteroepitaxial layer on a seed area	STC. UNM	2013/7/17
9	CN102956457B	半导体器件结构及其制作方法、及半导体鳍制作方法	中国科学院微电子研究所	2011/8/22
10	CN102190284B	MEMS 传感器制造方法、薄膜制造方法与悬臂梁的制造方法	苏州敏芯微电子技术股份有限公司	2010/8/11
11	US9070719B2	Semiconductor device structure, method for manufacturing the same, and method for manufacturing Fin	中国科学院微电子研究所	2011/11/18
12	US8466025B2	Semiconductor device structures and related processes	麦斯柏尔半导体公司	2011/8/1
13	US8361899B2	Microelectronic flip chip packages with solder wetting pads and associated methods of manufacturing	茂力科技股份有限公司	2010/12/16

续表

序号	公开（公告）号	标题	当前申请（专利权）人	申请日
14	US7709303B2	Process for forming an electronic device including a fin – type structure	VLSI TECHNOLOGY LLC	2006/1/10
15	CN100514611C	包括半导体芯片的电子封装及其制造方法	思特威（上海）电子科技股份有限公司	2007/8/3
16	US7265450B2	Semiconductor device and method for fabricating the same	GODO KAISHA IP BRIDGE 1	2004/7/28
17	US7056821B2	Method for manufacturing dual damascene structure with a trench formed first	知识产权之桥一号有限责任公司	2004/8/17
18	US6933620B2	Semiconductor component and method of manufacture	INNOVATIVE FOUNDRY TECHNOLOGIES LLC	2004/8/9
19	US6699789B2	Metallization process to reduce stress between Al – Cu layer and titanium nitride layer	PROMOS TECHNOLOGIES INC.	2002/3/27
20	US6562714B1	Consolidation method of junction contact etch for below 150 nanometer deep trench – based DRAM devices	茂德科技股份有限公司	2001/11/6

表4－12 封装领域无效后仍维持有效的专利

序号	公开（公告）号	标题	当前申请（专利权）人	申请日
1	CN106477512B	压力传感器及其封装方法	苏州敏芯微电子技术股份有限公司	2016/11/23
2	CN207038516U	硅通孔芯片的二次封装体	深圳市汇顶科技股份有限公司	2017/7/27
3	CN103957498B	侧面进声的硅麦克风封装结构	苏州敏芯微电子技术股份有限公司	2014/5/21

序号	公开（公告）号	标题	当前申请（专利权）人	申请日
4	US9793448B2	Light emitting diode chip having wavelength converting layer and method of fabricating the same, and package having the light e-mitting diode chip and method of fabricating the same	首尔半导体股份有限公司	2016/8/12
5	CN205984949U	一种低剖面多芯片封装结构	苏州迈瑞微电子有限公司	2016/8/18
6	CN103247741B	一种 LED 倒装芯片及其制造方法	大连德豪光电科技有限公司	2013/4/3
7	CN205177822U	传感器封装结构	苏州迈瑞微电子有限公司	2015/12/4
8	US9293664B2	Wafer-level light emitting diode package and method of fabricating the same	首尔半导体股份有限公司	2015/7/31
9	CN204792756U	一种通信芯片的封装结构及通信设备	珠海市杰理科技股份有限公司	2015/7/20
10	CN102969422B	高出光率倒装结构 LED 的制作方法	中国科学院半导体研究所	2012/12/17
11	TWI469255B	具有封装的隔离区的半导体器件和相关的制造方法	格罗方德	2012/4/16
12	TWI469283B	封装结构以及封装制程	日月光	2009/8/31
13	CN102496606B	一种高可靠圆片级柱状凸点封装结构	南通富士通微电子	2011/12/19
14	CN102496605B	一种圆片级封装结构	南通富士通微电子	2011/12/19
15	CN203840542U	侧面进声的硅麦克风封装结构	苏州敏芯微电子技术股份有限公司	2014/5/21
16	TWI442603B	发光二极管封装晶片分类系统	久元电子股份有限公司	2011/5/9
17	TWI418811B	封装晶片检测与分类装置	久元电子股份有限公司	2011/2/14
18	CN101282594B	具有双面贴装电极的微机电传声器的封装结构	苏州敏芯微电子技术股份有限公司	2008/4/10

续表

序号	公开（公告）号	标题	当前申请（专利权）人	申请日
19	CN202816946U	高像素影像传感器封装结构	东莞旺福电子有限公司	2012/10/18
20	US8361899B2	Microelectronic flip chip packages with solder wetting pads and associated methods of manufacturing	茂力科技股份有限公司	2010/12/16
21	US8288269B2	Methods for avoiding parasitic capacitance in an integrated circuit package	贝尔半导体有限责任公司	2011/10/4
22	US8283758B2	Microelectronic packages with enhanced heat dissipation and methods of manufacturing	茂力科技股份有限公司	2010/12/16
23	US8093103B2	Multiple chip module and package stacking method for storage devices	BITMICRO LLC	2010/10/18
24	US8049340B2	Device for avoiding parasitic capacitance in an integrated circuit package	贝尔半导体有限责任公司	2006/3/22
25	US7671474B2	Integrated circuit package device with improved bond pad connections, a lead-frame and an electronic device	英闻萨斯有限公司	2006/2/15
26	CN100514611C	包括半导体芯片的电子封装及其制造方法	江苏思特威电子科技有限公司	2007/8/3
27	CN100512511C	封装硅传声器的微型装置	潍坊歌尔微电子有限公司	2005/5/26
28	US7256486B2	Packaging device for semiconductor die, semiconductor device incorporating same and method of making same	DOCUMENT SECURITY SYSTEMS, INC.	2003/6/27
29	US7247552B2	Integrated circuit having structural support for a flip-chip interconnect pad and method therefor	VLSI TECHNOLOGY LLC	2005/1/11
30	US20070158808A1	Multiple chip module and package stacking method for storage devices	BITMICRO LLC	2005/12/29

序号	公开（公告）号	标题	当前申请（专利权）人	申请日
31	TWI266397B	光电半导体之封装构造	宏齐科技股份有限公司	2004/9/3
32	US6972480B2	Methods and apparatus for packaging integrated circuit devices	英闻萨斯有限公司	2003/6/16
33	US6856007B2	High-frequency chip packages	泰斯拉公司	2002/8/1
34	TW533559B	晶片封装结构及其制程	高通	2001/12/17
35	TW503496B	晶片封装结构及其制程	高通	2001/12/31

表 4-13　测试领域无效后仍维持有效的专利

序号	公开（公告）号	标题	当前申请（专利权）人	申请日
1	CN104122871B	一种半导体测试数据实时监控方法	上海竺舜信息科技有限公司	2014/7/29
2	CN102288810A	电压检测电路	无锡中感微电子股份有限公司	2011/8/11
3	US7221173B2	Method and structures for testing a semiconductor wafer prior to performing a flip chip bumping process	贝尔半导体有限责任公司	2004/9/29
4	TWI281034B	系统级测试方法	致茂电子股份有限公司	2005/2/25
5	US7206978B2	Error detection in a circuit module	POLARIS INNOVATIONS LIMITED	2004/5/27
6	US7221173B2	Method and structures for testing a semiconductor wafer prior to performing a flip chip bumping process	贝尔半导体有限责任公司	2004/9/29

4.6.3　其他重点专利[①]

对其他重点专利进行分析，能够避免造成技术的重复研发或专利侵权。其中设计领域其他重点专利 22 件（见表 4-14），制造领域其他重点专利 15 件

[①]　其他重点专利是指，除发生诉讼和无效的专利以外，从权利要求保护范围、同族专利申请数量、被引用次数等角度筛选出的授权有效或处于实质审查阶段的专利。

（见表4-15），封装领域其他重点专利14件（见表4-16），测试领域其他重点专利11件（见表4-17）。

表4-14　设计领域已授权/审中其他重点专利

序号	公开（公告）号	标题	申请日	当前申请（专利权）人	状态
1	US9014911B2	Street side sensors	2012/11/16	自动连接控股有限责任公司	有效
2	EP2708021B1	Image sensor with tolerance optimizing interconnects	2012/5/14	德普伊新特斯产品有限责任公司	有效
3	US8766328B2	Chemically-sensitive sample and hold sensors	2013/6/20	生命技术公司	有效
4	US7040534B2	Cash dispensing automated banking machine with calibrated optical sensor	2004/3/10	DIEBOLD SELF SERVICE SYST DIV OF DIEBOLD NIXDORF INC	有效
5	US20190253791A1	Top port multi-part surface mount silicon condenser microphone	2019/4/23	楼氏	有效
6	EP3429101B1	Transmitter with bias balancing	2010/12/22	天马微电子股份有限公司	有效
7	CN102301207B	侧向照射式多点、多参数光学纤维传感器	2010/2/1	克劳迪奥奥利维拉埃加隆	有效
8	US7684576B2	Resonant element transducer	2006/12/11	谷歌有限责任公司	有效
9	JP5628260B2	振动转速传感器及其运行方法	2012/9/28	汤姆森特许公司	有效
10	US10462402B2	Image sensor having full well capacity beyond photodiode capacity	2018/5/30	苹果公司	有效
11	US20090073461A1	Waveguide and Optical Motion Sensor Using Optical Power Modulation	2008/11/19	塔利安雷射科技有限公司	有效
12	CN102066970B	具有正面和侧面辐射的雷达传感器	2009/7/2	ADC汽车远程控制系统有限公司	有效
13	TWI692984B	MEMS换能器和电容式麦克风	2013/9/17	思睿逻辑国际半导体有限公司	有效

序号	公开（公告）号	标题	申请日	当前申请（专利权）人	状态
14	CN106772139A	电磁传感器及其校准	2012/4/27	曼彻斯特大学	有效
15	US10446696B2	Back – illuminated sensor with boron layer	2018/10/3	克莱谭克公司	有效
16	US10809819B2	Capacitive touch sensor and capacitive pen	2018/5/30	禾瑞亚科技股份有限公司	有效
17	JP6080408B2	图像传感器	2012/7/6	株式会社半导体能源研究所	有效
18	CN101501455B	光电角度传感器	2007/8/17	莱卡地球系统公开股份有限公司	有效
19	US8582085B2	Chirped coherent laser radar with multiple simultaneous measurements	2011/4/4	立体视觉成像公司	有效
20	CN106454163B	具有混合型异质结构的图像传感器	2019/12/13	三星电子	有效
21	US20190306630A1	MEMS device and process	2019/6/17	美国思睿逻辑有限公司	有效
22	TWI708379B	图像传感器，制造图像传感器的方法，以及检测系统	2013/3/28	美商克莱谭克公司	有效

表4－15　制造领域已授权/审中其他重点专利

序号	公开（公告）号	标题	申请日	当前申请（专利权）人	状态
1	CN101195190B	激光加工方法和装置，以及半导体芯片及其制造方法	2001/9/13	浜松光子学株式会社	有效
2	CN102906009B	平面腔体微机电系统及相关结构、制造和设计结构的方法	2011/6/8	格芯公司	有效
3	US20200295044A1	Semiconductor Chip Including Integrated Circuit Having Cross – Coupled Transistor Configuration and Method for Manufacturing the Same	2020/6/2	美商泰拉创新股份有限公司	审中

续表

序号	公开（公告）号	标题	申请日	当前申请（专利权）人	状态
4	CN110660642A	半导体器件及其制造方法	2006/9/29	株式会社半导体能源研究所	审中
5	US8314013B2	Semiconductor chip manufacturing method	2010/4/19	浜松光子学株式会社	有效
6	US9972531B2	Method of manufacturing a semiconductor device having groove–shaped via–hole	2016/10/12	株式会社索思未来	有效
7	US8264054B2	MEMS device having electro-thermal actuation and release and method for fabricating	2002/11/8	维斯普瑞公司	有效
8	CN107104107A	半导体器件及其制造方法	2009/12/25	株式会社半导体能源研究所	审中
9	CN100405619C	具有支持衬底的氮化物半导体器件及其制造方法	2003/1/27	日亚化学工业株式会社	有效
10	JP6339508B2	制造图像传感器的方法	2015/2/17	株式会社半导体能源研究所	有效
11	CN103096235B	制备微机电系统麦克风的方法	2007/3/20	思睿逻辑国际半导体有限公司	有效
12	US20190306630A1	MEMS device and process	2019/6/17	美国思睿逻辑有限公司	有效
13	CN101615593B	半导体器件及其制造方法，层离方法，以及转移方法	2003/12/29	株式会社半导体能源研究所	有效
14	TWI708379B	图像传感器，制造图像传感器的方法，以及检测系统	2013/3/28	美商克莱谭克公司	有效
15	CN1217406C	制造背面有保护膜的半导体芯片的方法	2002/3/21	琳得科株式会社	有效

表4-16 封装领域已授权/审中其他重点专利

序号	公开（公告）号	标题	申请日	当前申请（专利权）人	状态
1	CN100539127C	晶片级或网格级光电子器件封装	2004/9/15	诺福特罗尼公司	有效
2	CN102460690B	多芯片封装和在其中提供管芯到管芯互连的方法	2010/3/11	英特尔	有效
3	US8558383B2	Post passivation structure for a semiconductor device and packaging process for same	2008/11/4	高通	有效
4	US10490722B2	Light emitting package having a guiding member guiding an optical member	2018/12/24	LG	有效
5	CN101436572B	用于集成电路管芯的封装	2004/1/29	IQLP 有限责任公司	有效
6	TWI603404B	于扇出晶圆级芯片尺寸封装形成两侧互连结构的半导体装置及方法	2013/7/18	史达晶片有限公司	有效
7	CN104022212B	一种低频驱动型白光 LED 芯片及其封装方法和制造方法	2010/7/14	四川新力光源股份有限公司	有效
8	US10558906B2	Method for embedding integrated circuit flip chip	2016/11/22	智能科技私人有限公司	有效
9	US9922915B2	Bump-on-lead flip chip interconnection	2013/8/13	史达晶片有限公司	有效
10	CN101755336B	具有包含用于堆叠型裸片封装的金属引线的金属引线的微电子裸片封装以及相关联的系统和方法	2008/7/17	美光科技	有效
11	CN104011858B	具有线键合通孔的堆叠封装组件	2012/10/16	英闻萨斯有限公司	有效
12	CN103109367B	可堆叠的模塑微电子封装	2011/7/18	泰斯拉公司	有效
13	CN106887422B	封装件结构及其形成方法	2016/8/19	台积电	有效
14	CN107978585B	堆叠式存储器封装件、其制造方法和 IC 封装基板	2013/12/19	苹果公司	有效

表 4-17 测试领域已授权/审中其他重点专利

序号	公开（公告）号	标题	申请日	当前申请（专利权）人	状态
1	CN100511624C	器件封装及其制造和测试方法	2004/9/15	诺福特罗尼公司	有效
2	CN101738398B	具有行移透镜多光束扫描仪的芯片缺陷检测系统	2003/3/14	应用材料	有效
3	US10163737B2	Semiconductor device and method of forming build-up interconnect structures over carrier for testing at interim stages	2016/5/31	史达晶片有限公司	有效
4	CN103972124A	图案化晶圆缺点检测系统及其方法	2008/8/4	联达科技设备私人有限公司	审中
5	US6937048B2	Method for testing an integrated circuit with an external potential applied to a signal output pin	2001/12/11	维斯海半导体有限公司、爱特梅尔公司	有效
6	US10508996B2	System for testing integrated circuit and method for testing integrated circuit	2015/6/26	浜松光子学株式会社	有效
7	EP1844342B1	Method and device for testing semiconductor wafers using a chuck device whose temperature can be regulated	2006/1/10	ERS 电子有限责任公司	有效
8	CN102640489B	用于检测和校正图像传感器中的缺陷像素的系统和方法	2010/10/12	苹果公司	有效
9	CN1871860B	测试图像传感器的方法和设备	2004/8/18	普廷数码影像控股公司	有效
10	CN112262320A	集成电路剖析和异常检测	2019/4/16	普罗泰克斯公司	审中
11	CN109860068A	用于测试半导体结构的方法	2018/10/11	台积电	审中

第五章　智能传感器产业发展方向导航

从大数据分析角度，通过对具有专利控制力的国家/地区或企业的专利布局及相关活动的研究，预测智能传感器产业结构调整方向、技术发展重点方向和市场需求热点方向，为产业发展指明方向。

5.1　产业结构及布局导向

5.1.1　产业结构调整

1. 全球产业结构调整方向

传感器设计、制造、封装、测试产业链环节主要经历了五个阶段的变化（见图 5 - 1），研究其各阶段的专利布局占比变化情况，从而揭示全球产业结构的调整方向。

从阶段上看智能传感器产业环节，在第一阶段（1950 年之前），设计环节的专利申请量占比最高，制造、封装、测试环节尚处于萌芽阶段。第二阶段（1951—1970 年），此阶段设计环节保持平稳增长趋势，制造环节增长明显逐渐缩小与设计环节的占比差距，封装、测试环节专利数量有所升高，但较第一阶段的专利数量变化不大，专利申请量占比依然最少。第三阶段（1971—1983 年），设计、制造及封装环节呈增长态势。第四阶段（1984—1999 年），设计环节增长速度减缓，制造、封装和测试环节得到进一步增长。第五阶段（2000 年之后），进入 21 世纪以后市场日趋成熟，行业整体增速逐步放缓，设计环节受物联网、高端仪器仪表、高端装备等方面的应用影响发展较快，专利呈快速增长态势，封装环节开始向高密度封装技术发展，专利申请仍稳定增长，制造环节申请增速呈下降趋势，这一阶段反映了全球产业结构的最新调整方向。

总体来看，设计环节一直备受申请人的重视，发展呈稳定增长的态势，制造环节经历过第二阶段的低迷之后，迅速发展，目前处于平稳增长阶段，封装环节为近几年发展较快的技术，专利申请量持续增长。

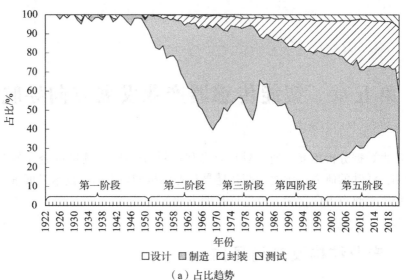

（a）占比趋势

（b）申请趋势

图5-1　全球智能传感器产业各环节专利申请趋势

2. 主要国家产业结构调整方向

通过分析美国、中国、日本和韩国的智能传感器产业专利申请趋势（见图5-2），可以对智能传感器产业专利布局较多的四个主要国家产业发展及各技术分支发展变化情况有所了解。

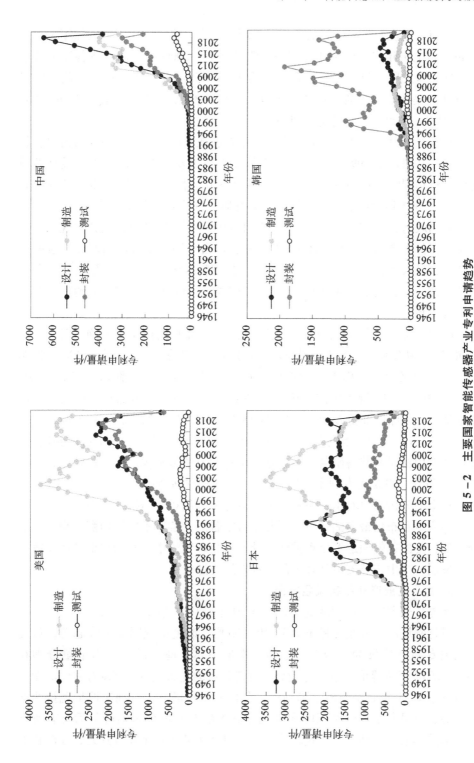

图 5 - 2 主要国家智能传感器产业专利申请趋势

　　美国最先投入集成电路的研究，专利布局早，将其应用于航天和军事，在20世纪六七十年代，市场和专利均呈明显优势，2000年之前产业各环节技术均呈现快速发展趋势，以设计和制造为主，2002年专利申请达到峰值，随着2000年后集成电路逐渐转移到东亚地区（除日本），并且受金融危机的影响，此后2008—2009年专利申请有明显下降。

　　日本在20世纪80年代拥有集成电路先进技术和市场占有率方面的双重领先优势，并保持至1992年，该阶段设计技术呈爆发式增长，1991年设计领域的申请量达到峰值；1992—2003年，制造环节增长明显，材料和设备领域有所增长；2004年后产业各环节均呈下降态势，设计环节下降明显。

　　韩国政府在20世纪70年代，制定了助推专项六年计划，强调实现集成电路相关器件生产的本土化，20世纪80年代出台了国内集成电路产业发展的扶持计划，投入了3.5亿美元的贷款用于科技部特定研发，加速了创新主体研发的积极性，专利技术以封装和设计环节为主要布局方向，在制造和测试环节并不具有优势。

　　中国在智能传感器方面的发展起步晚，专利布局时间上明显晚于日本、美国和韩国，从发展趋势来看，其发展主要分为三个阶段。第一阶段（1985—2000年）处于初级阶段，集中在中游的设计和制造技术。第二阶段（2001—2009年），国外企业认识到中国市场的重要性，在中国进行专利布局，中国企业也逐渐从集成电路产业链技术含量最低的封装、测试环节做起，专利申请稳步增长。第三阶段（2010年至今），中国加大产能和研发投资，逐步过渡到制造、设计及专用材料和装备研制，产业各技术专利申请量呈快速发展趋势，2016—2020年设计、设备为专利布局热点，材料仍处于布局薄弱环节。

　　从上面分析可以看出，主要国家产业环节专利布局结构变化小，设计是各主要国家专利布局最多的环节，近几年日本各产业链技术发展均衡，均呈现下降趋势，美国、韩国逐渐重点关注设计、封装环节，中国开始注重各产业链技术的发展，其中传感器设计环节的专利发展迅速。

3. 龙头企业产业结构调整方向

　　智能传感器产业各领域龙头企业近10年专利申请趋势见表5-1。

　　设计领域的龙头企业松下2011年后专利申请量呈现明显下降趋势，近几年相关专利申请仅为个位数。电装、霍尼韦尔、博世的专利申请量分别在2015—2017年达峰值后呈下降趋势。制造领域的龙头企业仅SK海力士的专利申请量于2011年后呈明显下降趋势，台积电、联华电子专利申请呈现持续增长态势，三星电子、中芯国际在制造领域虽然专利申请量达峰值后又有所下降，但整体来看专利年申请量较为稳定。封装领域龙头企业日月光、江苏长电近年来仍呈增长趋势，南茂科技专利申请较为稳定，矽品精密 2014 年专利年申请量达峰值后又略有下降。

表 5 - 1　智能传感器产业各领域龙头企业专利申请趋势　　（单位：件）

技术分支	专利权人	专利申请量									
		2011 年	2012 年	2013 年	2014 年	2015 年	2016 年	2017 年	2018 年	2019 年	2020 年
设计	松下	129	77	58	7	1	13	1	5	0	1
	博世	100	153	199	157	120	149	181	152	64	14
	电装	125	123	156	141	213	183	150	169	113	50
	霍尼韦尔	81	93	53	66	94	105	70	59	29	10
制造	SK 海力士	321	240	44	61	44	44	21	33	17	6
	台积电	390	704	825	1022	1167	1479	1476	1627	1765	587
	联华电子	423	322	273	273	433	358	453	398	174	65
	三星电子	242	214	193	228	221	267	195	175	141	66
	中芯国际	401	489	768	741	486	538	691	392	347	67
封装	日月光	122	117	122	68	64	84	204	180	188	53
	矽品精密	102	167	183	216	124	106	142	68	69	13
	南茂科技	42	37	35	38	57	41	21	28	15	2
	江苏长电	86	226	34	51	59	37	52	42	32	12

综上，传感器设计领域龙头企业专利呈现明显颓势，制造和封测领域龙头企业整体仍呈稳定增长态势。

5.1.2　产业布局热点方向

由设计领域各二级技术分支全球专利申请数量（见表 5 - 2、图 5 - 3）可知，CMOS 图像传感器、带处理器的传感器、磁传感器为专利布局热点，相关专利申请均超 2 万件。制造领域芯片集成电路制造工艺相关专利申请近 30 万件，为布局热点方向，MEMS 制造工艺的专利申请 1.8 万余件，CMOS 制造工艺仅 3322 件，为专利布局空白点。封装领域，由于传感器的封装方法与芯片集成电路的封装工艺一致，因此专利中明确了应用领域为 MEMS 封装、CMOS 封装的专利较少，芯片集成电路封装为专利布局的热点方向。

表 5 – 2 　 全球智能传感器产业二级技术分支专利数量分布

一级技术	二级技术	二级技术全球 专利申请量/件	二级技术分支 在各一级分支占比/%
设计	MEMS 传感器	13 074	5.16
	CMOS 图像传感器	35 745	14.10
	磁传感器	27 253	10.75
	激光雷达/毫米波雷达/超声波雷达	7300	2.88
	带处理器的传感器	29 792	11.75
制造	MEMS 制造工艺	18 090	5.82
	CMOS 制造工艺	3322	1.07
	芯片集成电路制造工艺	291 866	93.85
封装	MEMS 封装	2353	1.69
	CMOS 传感器封装	170	0.12
	芯片集成电路封装	137 590	99.08
测试	传感器测试	4323	20.95
	芯片集成电路测试	16 374	79.34

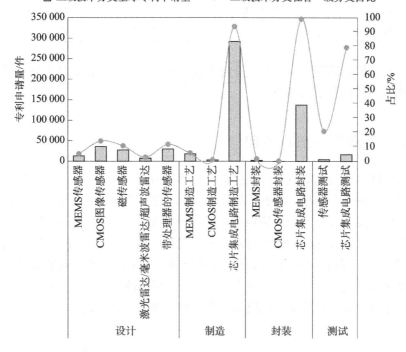

图 5 – 3 　 全球智能传感器产业二级技术分支布局情况

5.1.3 产业增长热点方向

表5-3为全球智能传感器产业二级技术分支专利申请分布情况。

表5-3 智能传感器产业二级技术专利申请分布情况

一级技术	二级技术	2011—2020年专利申请量/件	2011—2020年专利申请占比/%	2016—2020年专利申请量/件	2016—2020年专利申请占比/%	趋势
设计	MEMS 传感器	7748	59.26	3898	29.81	➡
	CMOS 图像传感器	16 744	46.84	7857	21.98	➡
	磁传感器	10 310	37.83	5034	18.47	➡
	激光雷达/毫米波雷达/超声波雷达	5394	73.89	4565	62.53	⬆
	带处理器的传感器	7748	26.01	3898	13.08	➡
制造	MEMS 制造工艺	7854	43.42	3446	19.05	⬇
	CMOS 制造工艺	796	23.96	366	11.02	⬇
	芯片集成电路制造工艺	85 652	29.35	40 019	13.71	⬇
封装	MEMS 封装	1098	46.66	453	19.25	⬇
	CMOS 传感器封装	93	54.71	49	28.82	➡
	芯片集成电路封装	62 279	45.26	30 848	22.42	➡
测试	传感器测试	2316	53.57	1409	32.59	⬆
	芯片集成电路测试	6367	38.88	3441	21.02	⬆

注：➡表示专利申请平稳；⬆表示专利申请呈增长趋势；⬇表示专利申请呈下降趋势。

（1）设计环节。激光雷达/毫米波雷达/超声波雷达分支2011—2020年专利申请占比高达73.89%，2016—2020年占比为62.53%，且持续呈现快速增长态势。尤其是2014年随着辅助驾驶 ADAS、无人驾驶的迅猛发展，促进了激光雷达/毫米波雷达/超声波雷达的迅猛增长，该技术分支为产业增长热点方向。此外，设计中的 MEMS 传感器、CMOS 图像传感器、磁传感器、带处理器的传感器2011—2020年来均保持较为稳定的专利申请量，设计环节整体均为产业增长的热点方向。

（2）制造环节。MEMS 制造工艺、CMOS 制造工艺、芯片集成电路制造工艺均呈现下降态势。

（3）封装环节。MEMS 封装技术专利申请量呈下降趋势，目前全球封装技术正处于成熟的第三阶段，Flip-chip（倒装芯片封装）、BGA（球状栅格阵列封装）和 WLCSP（晶圆片级芯片尺寸封装）等主要封装技术正在进行大规模生产，为了配合产品小体积、多任务并行处理的要求，集成电路的封装技术的演进方向正变为高密度、高脚位及薄型化，部分产品已经向第四阶段（高密度封装技术）发展，CMOS 传感器封装和芯片集成电路封装技术专利申请态势较为稳定。

（4）测试环节。测试技术近几年相关专利申请也呈缓慢增长趋势。

5.2　企业研发及布局导向

5.2.1　行业龙头企业研发热点方向

从行业龙头企业的二级技术分支专利布局情况（见表 5-4）来看，芯片集成电路制造和封装为国外龙头企业布局的热点方向，除楼氏、博世、霍尼韦尔外，其余龙头企业均有涉猎，尤其是芯片集成电路制造工艺领域，台积电、三星电子有上万件专利布局，IBM、松下、意法半导体、英飞凌、西门子、索尼均有超 2000 件专利申请。

表 5-4　行业龙头企业二级技术分支专利布局情况　　（单位：件）

一级技术	二级技术	专利申请量												
		博世	霍尼韦尔	松下	三星电子	台积电	意法半导体	英飞凌	TDK	IBM	西门子	索尼	楼氏	歌尔
设计	MEMS 传感器	1345	428	76	45	64	278	231	115	28	99	14	199	296
	CMOS 图像传感器	96	8	562	2935	925	133	14	3	50	26	4243	0	0
	磁传感器	505	288	265	106	6	71	477	845	672	314	165	18	4
	激光/毫米波/超声波雷达	284	32	5	39	0	1	32	0	5	13	0	0	0
	带处理器的传感器	235	371	263	169	0	71	104	49	96	113	52	33	86
制造	MEMS 制造工艺	1830	168	78	262	319	312	320	59	233	113	163	45	37
	CMOS 制造工艺	2	0	1	222	92	13	2	0	13	2	201	0	0
	芯片集成电路制造工艺	456	0	3453	10430	17023	3277	3012	253	5222	2227	2080	0	0

一级技术	二级技术	专利申请量												
		博世	霍尼韦尔	松下	三星电子	台积电	意法半导体	英飞凌	TDK	IBM	西门子	索尼	楼氏	歌尔
封装	MEMS 传感器封装	90	53	0	36	30	41	17	5	12	0	1	49	56
	CMOS 传感器封装	0	0	0	3	4	0	0	0	0	0	1	0	0
	芯片集成电路封装	0	145	1066	8856	3893	753	1239	90	1313	186	476	0	37
测试	传感器测试	151	27	15	29	6		21	3	10	51	3		10
	集成电路测试	22	2	308	710	233	201	282	7	400	98	48	1	0

设计领域，博世在多个细分领域均有较多技术积累，专利覆盖技术广度较大，且在 MEMS 传感器、磁传感器、雷达、带处理器的传感器均具有一定的专利优势，在 MEMS 领域、带处理器的传感器专利申请量优势明显，为设计领域的绝对龙头企业；三星电子和索尼专利布局重点方向为 CMOS 图像传感器，且集中度较高。霍尼韦尔、意法半导体则重点在 MEMS 传感器分支进行布局；TDK、IBM、英飞凌则以磁传感器为重点布局方向；松下热点专利布局方向则为 CMOS 图像传感器、磁传感器。

制造领域，龙头企业以芯片集成电路制造工艺为专利布局重点方向，其中，台积电、三星电子在该技术分支专利申请超过 10 000 件；三星电子、索尼重视 CMOS 制造工艺，专利申请 200 余件，在该技术分支有明显优势；博世则加强在 MEMS 制造工艺技术分支的专利布局。

封装领域，龙头企业专利申请集中在芯片集成电路封装，三星电子、台积电相关专利申请分别为 8856 件、3893 件。

测试领域，三星电子、IBM 重视集成电路测试技术分支的专利申请。

聚焦传感器设计领域的市场和专利布局均具优势的国外龙头企业博世，进一步分析其 2001—2020 年技术研发变化趋势（见图 5-4），从而对产业未来发展方向提供参考。2001—2020 年博世在 MEMS 传感器、磁传感器、带处理器的传感器技术分支持续进行研发，2016—2020 年，MEMS 传感器设计仍为其主要布局方向，每年均有百余件专利申请；该公司在激光/毫米波/超声波雷达技术分支研发时间相对较晚，但自 2014 年其持续加大布局力度。由此可知，该公司由全系列产品布局逐渐转型为重点高端产品 MEMS 传感器、激光/毫米波/超声波雷达布局。

从重点企业在智能传感器设计领域技术分支的专利布局（见表 5 - 5、图 5 - 5）来看，MEMS 传感器设计领域，各企业产品研发重点差别较大，博世 2016—2020 年在 MEMS 压力传感器、MEMS 麦克风、MEMS 惯性传感器布局均衡；霍尼韦尔则集中发力 MEMS 压力传感器；歌尔除在其优势产品领域 MEMS 麦克风持续布局外，2016—2020 年也加大在 MEMS 压力传感器的研发力度；英飞凌聚焦 MEMS 麦克风和 MEMS 压力传感器。CMOS 传感器领域，从专利数量来看，2016—2020 年背照式 CMOS 为巨头索尼、三星、豪威科技 2016—2020 年热点布局方向，是目前的主流产品；从 2016—2020 年专利申请占比来看，索尼和三星 2016—2020 年堆栈式 CMOS 的专利申请占比均超过40%，堆栈式 CMOS 传感器是由背照式 CMOS 传感器发展而来的，使用有信号处理电路的芯片替代了原来背照 CMOS 图像传感器的支持基板，在芯片上重叠形成背照 CMOS 元件的像素部分，从而实现了在较小的芯片尺寸上形成大量像素点的工艺，由于像素部分和电路部分分别独立，因此像素部分可针对高画质优化，小型化、高像素在手机等产品中使用更加方便。在磁传感器领域，各巨头近几年的专利申请数量均较少，其中仅英飞凌在各主要磁效应传感器分支均持续投入研发；TDK、霍尼韦尔聚焦 AMR 传感器；IBM 以 TMR 磁传感器为主要布局方向。雷达分支，博世、霍尼韦尔、VELODYNE 2011—2020 年均以激光雷达为主要研发热点方向。霍尼韦尔、博世、松下在带处理器的传感器分支近几年持续减少研发投入力度。

5.2.2　新进入者研发热点方向

2016—2020 年智能传感器产业新进入者专利申请情况见表 5 - 6。新进入者研究的切入点主要集中在激光雷达、毫米波雷达、超声波雷达、传感器测试，可见随着汽车产业对雷达的持续需求，全球大批公司积极投入雷达的研发。此外温度智能传感器、MEMS 麦克风、TMR 磁传感器、高密度封装、芯片集成电路制造工艺相关专利申请也呈现上升态势。

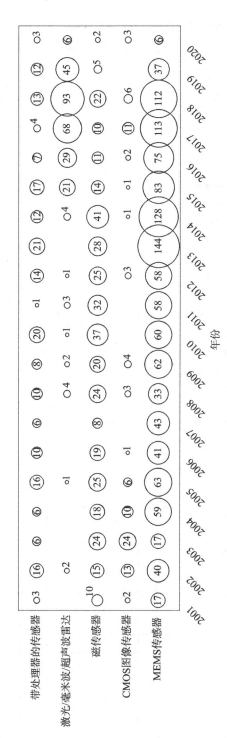

图 5-4 博世公司智能传感器领域技术研发变化趋势（单位：件）

表5-5 重点企业智能传感器设计环节三级技术分支专利申请情况

技术分支	企业名称	三级技术	申请量/件	2011—2020年专利申请量/件	2016—2020年专利申请量/件	2016—2020年专利申请占比/%
MEMS传感器	博世	压力传感器	248	153	81	32.66
		麦克风	181	153	48	26.52
		惯性传感器	106	68	32	30.19
	霍尼韦尔	压力传感器	63	21	15	23.81
		麦克风	0	0	0	0
		惯性传感器	189	41	6	3.17
	歌尔	压力传感器	19	19	19	100.00
		麦克风	238	222	81	34.03
		惯性传感器	20	20	3	15.00
	英飞凌	压力传感器	43	34	12	27.91
		麦克风	59	55	30	50.85
		惯性传感器	3	1	0	0
CMOS图像传感器	索尼	前照式（FSI）	1631	620	187	11.47
		背照式（BSI）	2397	2173	818	34.13
		堆栈式	582	557	243	41.75
	三星电子	前照式（FSI）	1307	730	318	24.33
		背照式（BSI）	1058	1054	545	51.51
		堆栈式	382	390	229	59.95
	豪威科技	前照式（FSI）	553	273	91	16.46
		背照式（BSI）	612	623	169	27.61
		堆栈式	125	110	28	22.40
磁传感器	IBM	AMR	67	8	6	8.96
		GMR	58	4	2	3.45
		TMR	111	51	41	36.94
		GMI	0	0	0	0
	霍尼韦尔	AMR	54	9	3	5.56
		GMR	12	0	0	0
		TMR	16	1	0	0
		GMI	8	0	0	0
	TDK	AMR	37	36	18	48.65
		GMR	41	12	0	0
		TMR	14	5	0	0
		GMI	6	4	0	0
	英飞凌	AMR	36	44	13	36.11
		GMR	31	17	4	12.90
		TMR	18	14	5	27.78
		GMI	20	17	8	40.00

续表

技术分支	企业名称	三级技术	申请量/件	2011—2020年专利申请量/件	2016—2020年专利申请量/件	2016—2020年专利申请占比/%
激光/毫米波/超声波雷达	博世	激光雷达	444	442	418	94.14
		毫米波雷达	1	1	0	0
		超声波雷达	9	8	6	66.67
	霍尼韦尔	激光雷达	19	17	14	73.68
		毫米波雷达	18	2	2	11.11
		超声波雷达	1	0	0	0
带处理器的传感器	VELODYNE LIDAR	激光雷达	75	72	71	94.67
		毫米波雷达	0	0	0	0
		超声波雷达	0	0	0	0
	霍尼韦尔	压力传感器	54	8	4	7.41
		惯性传感器	8	3	2	25.00
		温度	8	3	1	12.50
		流量	23	5	3	13.04
	博世	压力传感器	23	12	1	4.35
		惯性传感器	2	0	0	0
		温度	20	12	9	45.00
		流量	3	1	1	33.33
	松下	压力传感器	20	5	0	0
		惯性传感器	45	8	6	13.33
		温度	12	1	0	0
		流量	7	1	0	0

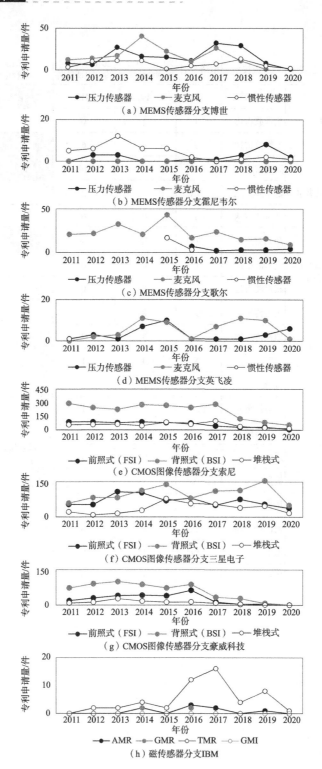

（a）MEMS传感器分支博世

（b）MEMS传感器分支霍尼韦尔

（c）MEMS传感器分支歌尔

（d）MEMS传感器分支英飞凌

（e）CMOS图像传感器分支索尼

（f）CMOS图像传感器分支三星电子

（g）CMOS图像传感器分支豪威科技

（h）磁传感器分支IBM

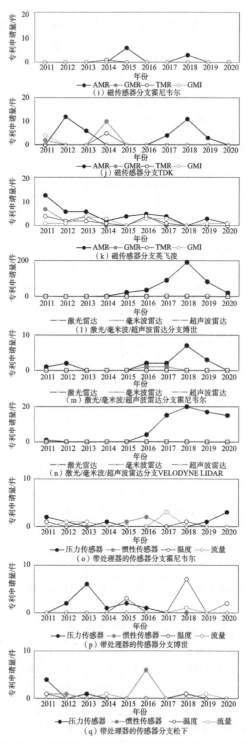

图 5－5　重点企业智能传感器设计环节三级技术分支专利申请趋势

表 5-6　智能传感器产业新进入者专利申请情况

一级技术	二级技术	三级技术	全球专利申请量/件					整体态势	平均增长率/%
			2015 年	2016 年	2017 年	2018 年	2019 年		
设计	MEMS 传感器	压力传感器	58	53	77	50	54	↓	-1.8
		麦克风	61	65	78	82	76	↑	5.7
		惯性传感器	62	70	45	59	46	↓	-7.2
	CMOS 图像传感器	前照式（FSI）	197	205	207	182	154	↓	-6.0
		背照式（BSI）	148	152	168	164	135	→	-2.3
		堆栈式	45	50	56	57	50	→	2.7
	磁传感器	AMR	37	45	44	60	38	→	0.7
		GMR	17	23	9	14	7	↓	-19.9
		TMR	75	77	76	67	91	↑	5.0
		GMI	3	0	3	4	2	→	-9.6
	激光/毫米波/超声波雷达	激光雷达	99	167	241	368	356	↑	37.7
		毫米波雷达	22	33	68	100	132	↑	56.5
		超声波雷达	13	31	27	41	21	↑	12.7
	带处理器的传感器	压力传感器	90	68	79	95	92	↑	0.6
		惯性传感器	10	23	4	8	12	→	4.7
		麦克风	45	48	58	53	58	↑	6.6
		温度传感器	82	90	74	95	113	↑	8.3
		流量传感器	16	25	12	14	13	↓	-5.1
制造	MEMS 制造工艺		351	310	319	360	283	→	-5.2
	CMOS 制造工艺		28	23	28	21	19	↓	-9.2
	芯片集成电路制造工艺		1491	1569	1597	1700	1563	↑	1.2
封装	MEMS 传感器封装	器件级封装 CSP	6	1	3	2	3	→	-15.9
		圆片级封装 WLP	18	14	4	1	3	↓	-36.1
		系统级封装 SIP	14	6	10	13	15	→	1.7
	CMOS 传感器封装		28	23	28	21	19	→	-9.2
	芯片集成电路封装	直插封装	26	18	17	18	29	→	2.8
		表面贴装—双边或四边引线封装	40	36	36	42	44	→	2.4
		表面贴装—面积阵列封装	390	469	420	414	419	→	1.8
		高密度封装	121	119	132	120	138	↑	3.3
测试	传感器测试		156	190	240	248	266	↑	14.3
	集成电路测试		354	413	414	463	496	↑	8.8

注：→表示专利申请平稳；↑表示专利申请呈增长趋势；↓表示专利申请呈下降趋势。

5.3　技术创新及布局导向

5.3.1　核心技术创新热点

通过对智能传感器产业各级技术 2011—2020 年专利申请趋势（见表 5 - 7）进行分析确定核心技术创新热点。

表 5 - 7　智能传感器产业各级技术 2011—2020 年专利申请趋势　（单位：件）

一级技术	二级技术	三级技术	专利申请量									
			2011年	2012年	2013年	2014年	2015年	2016年	2017年	2018年	2019年	2020年
设计	MEMS 传感器	压力传感器	46	75	95	113	145	110	135	124	101	54
		麦克风	147	137	190	240	276	200	254	186	234	109
		惯性传感器	127	102	168	157	158	159	106	159	114	59
	CMOS 图像传感器	前照式（FSI）	728	818	749	794	661	715	632	688	516	248
		背照式（BSI）	785	887	881	967	929	912	991	1088	856	382
		堆栈式	115	192	160	217	238	245	289	318	209	88
	磁传感器	AMR	72	65	84	80	65	70	64	102	55	16
		GMR	42	43	26	34	26	25	17	20	8	4
		TMR	88	119	72	117	131	109	105	81	119	59
		GMI	17	30	23	31	34	25	36	32	24	6
	激光/毫米波/超声波雷达	激光雷达	121	110	187	321	393	626	1091	1806	1625	801
		毫米波雷达	22	24	24	22	36	74	112	159	208	186
		超声波雷达	23	16	14	29	16	32	34	62	28	20
	带处理器的传感器	压力传感器	59	62	95	77	124	93	97	122	107	55
		惯性传感器	25	20	23	19	14	25	11	11	19	19
		麦克风	54	78	57	95	94	71	95	69	90	42
		温度传感器	56	92	79	104	98	116	88	109	125	56
		流量传感器	13	25	21	14	20	39	21	19	19	15
制造	MEMS 制造工艺		815	784	991	891	986	888	774	802	628	370
	CMOS 制造工艺		57	95	97	97	84	102	119	77	55	12
	芯片集成电路制造工艺		9787	9627	8662	8981	8634	8741	9396	9404	8204	4358

续表

一级技术	二级技术	三级技术	专利申请量									
			2011年	2012年	2013年	2014年	2015年	2016年	2017年	2018年	2019年	2020年
封装	MEMS 传感器封装		106	119	119	139	175	98	84	94	128	51
	CMOS 传感器封装		2	18	7	9	8	10	13	14	8	4
	芯片集成电路封装	直插封装	21	35	26	33	27	24	20	26	33	22
		表面贴装－双边或四边引线封装	126	101	86	101	69	47	60	64	72	56
		表面贴装－面积阵列封装	1042	990	1016	1017	1074	1184	1065	1011	960	624
		高密度封装	322	320	341	407	482	697	820	810	897	429
测试	传感器测试		135	188	172	197	230	243	328	319	316	209
	集成电路测试		474	531	624	694	604	687	718	746	769	527

（1）设计领域。

① MEMS 传感器设计细分领域，MEMS 压力传感器、MEMS 麦克风、MEMS 惯性传感器专利申请量整体均呈增长趋势，其中 MEMS 麦克风从 2014 年开始专利年申请量均在 200 件左右，为技术创新热点。

② CMOS 图像传感器领域。前照式（FSI）2012 年专利年申请量达峰值后，持续呈现下降趋势；背照式（BSI）CMOS 由索尼于 2009 年 2 月开始量产，为目前的主流产品，2011—2018 年专利年申请量呈稳定增长态势；堆栈式 CMOS 技术首次发布时间为 2012 年 8 月，2013 年后相关专利申请快速增长，但专利年申请量明显小于主流的背照式 CMOS。

③ 磁传感器领域。AMR、GMI 近 20 年专利申请较为平稳；GMR 在 2012 年申请量达峰值后呈明显下降趋势。

④ 激光雷达、毫米波雷达、超声波雷达近几年整体均呈快速增长趋势，尤其是随着 ADAS 辅助驾驶、无人驾驶汽车的迅速发展，2015 年之后激光雷达、毫米波雷达专利申请量迅猛增长，2017 年激光雷达的专利年申请量首次超过千件。

⑤ 带处理器的传感器领域。压力传感器、麦克风、温度传感器的相关专利申请呈增长态势，2015—2019 年专利年申请量也十分接近，均在百件左右；惯性传感器、流量传感器的专利申请数量相对稳定，2011—2020 年平均专利年申请量仅为 20 件。

（2）制造领域。MEMS 制造工艺、芯片集成电路制造工艺专利年申请量较为稳定，且专利年申请量较多。

（3）封装领域。仅高密度封装技术 2011—2020 年专利申请呈增长态势，其余主要封装技术专利申请量较为平稳，其中 MEMS 传感器封装、表面贴装 – 双边或四边引线封装、CMOS 传感器封装、直插封装专利年申请量较少；表面贴装 – 面积阵列封装为目前成熟的第三阶段封装技术，Flip – chip（倒装芯片封装）、BGA（球状栅格阵列封装）和 WLCSP（晶圆片级芯片尺寸封装）等主要封装技术正在进行大规模生产，专利年申请量维持在千件左右。

综上所述，设计领域，MEMS 压力传感器、MEMS 麦克风、MEMS 惯性传感器、背照式 CMOS、TMR 磁传感器、激光雷达、智能压力传感器、智能麦克风、智能温度传感器、MEMS 制造工艺、芯片集成电路制造工艺、表面贴装 – 面积阵列封装、高密度封装为技术创新热点方向。

5.3.2 核心技术演进方向

通过调研天津市东丽区智能传感器重点企业科大天工智能装备技术（天津）有限公司的重点研究方向——磁传感器，对磁传感器技术路线进行梳理（见图 5 –6）。

（1）在霍尔效应传感器/芯片领域，从整体的技术发展路径来看，国外的技术相对起步更早，技术实力更强；此后经历了开关型霍尔传感器（专利号：AT340270）、线型传感器（专利号：US06596482）到 3 维霍尔传感器（专利号：US09142352）的技术演进。在材料方面也从软磁性材料霍尔（专利号 US04111311）、电磁铁/永磁材料霍尔（专利号：US06596482）、InAs 外延薄膜霍尔（专利号：JP02222454）到多晶薄膜（InSb）薄膜霍尔（专利号：JP2000104835）等进行了不断改进。目前霍尔技术已经相当成熟。

（2）AMR 效应传感器/芯片领域，经历了单轴 AMR 磁传感器、三轴 AMR 磁传感器（专利号：CN201110098286.8）的产品形态演进，典型产品有美国 Honeywell 公司的 AMR 单轴磁传感器（HMC1001 型）、芯片级的三轴 AMR 磁传感器（HMC1043 型）。从传感器的结构方面也有较多改进，如非晶铁磁线 AMR 传感器（专利号：US09142352）、磁致电阻膜，铁磁自由层（专利号：US10075286、US10671970）；主要解决的问题为：提高灵敏度、降低噪声，检测微弱低频磁信号。AMR 磁传感器虽然已发展得相当成熟，但各向异性散射原理注定了其磁阻变化率难以提高，从而直接影响到磁场探测能力的提升。在低频磁场探测能力方面，与弱磁应用的实际要求还有很大的差距。

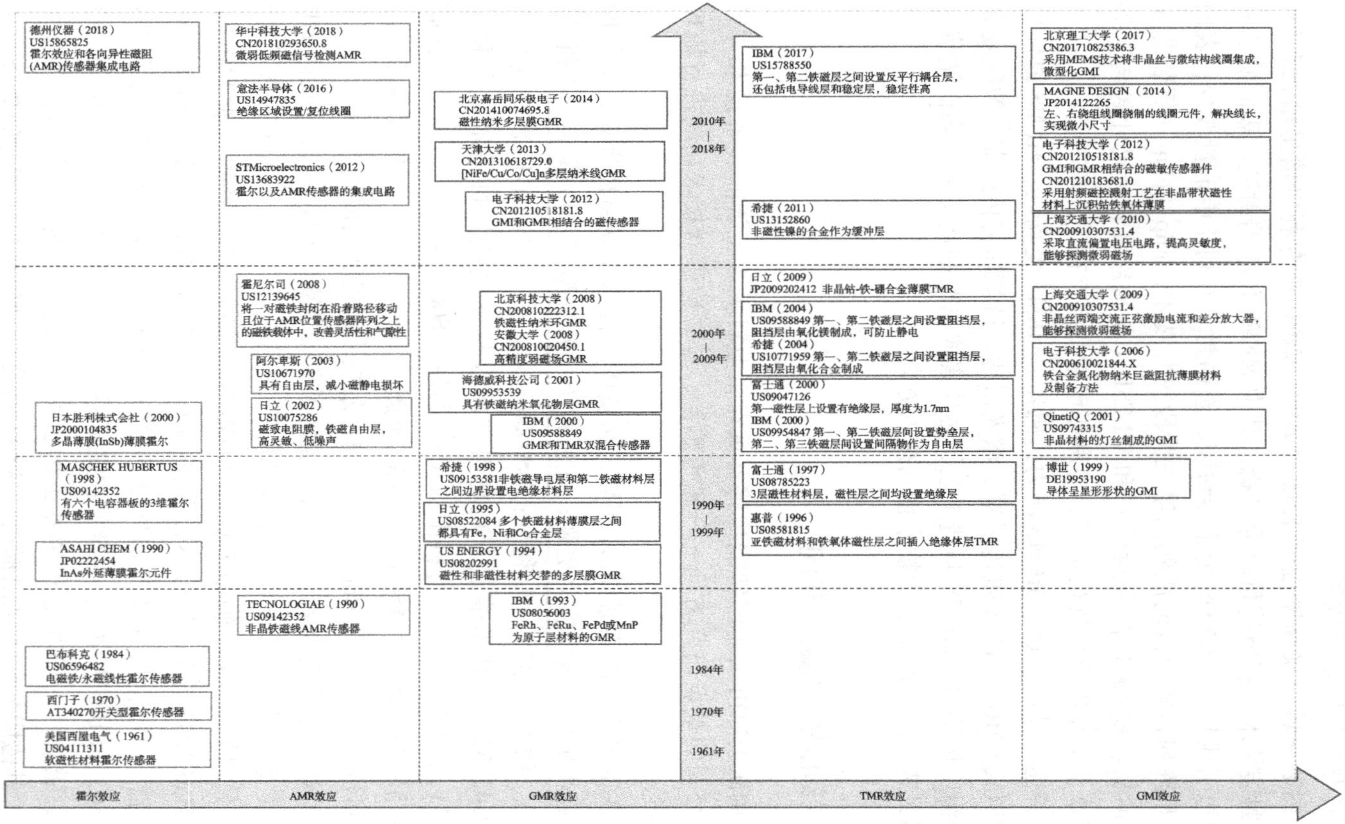

图 5-6 核心技术路线

时间轴：2014年　2018年　2010年　2000年　2009年　1990年　1999年　1994年　1970年　1961年

效应分类：霍尔效应　AMR效应　GMR效应　TMR效应　GMI效应

GMI效应

北京理工大学（2017）
CN2017102253863
采用MEMS技术将非晶与微结构线圈集成，微型化GMI

MAGNE DESIGN（2014）
JP201412265
左、右侧阻挡圆圈侧的线圈元件，解决线长、实现微小尺寸

电子科技大学（2012）
CN201210518181.8
GMI和GMR相结合的磁敏传感器件

上海交通大学（2010）
CN2009103075314
采取直流偏置电压电阻、提高灵敏度，抑制视测频率漂移

上海交通大学（2009）
CN2009103075314
非晶丝两端之间设置差分大器，抑制视测频率漂移

电子科技大学（2006）
CN2006100218441X
铁心非晶纳米柱晶圆圈机薄膜材料及制备方法

QisetiQ（2001）
US0973315
非晶材料的灯丝制成的GMI

博世（1999）
DE19953190
导体显显形状的GMI

TMR效应

IBM（2017）
US15788550
第一、第二磁道层之间设置反平行耦合层，在后而电导极层和绝空层，稳定性有高

希捷（2011）
US13152660
非磁性铜的合金薄膜TMR

日立（2009）
JP200902412
非晶纳米铁-钴合金薄膜TMR

IBM（2004）
US09588849
第一铁磁层之间设置磁阻挡层，阻挡性非常大以快钝化，可即止静电

希捷（2004）
US200810020450.1
高阻层固磁薄层

富士通（2001）
US09004127126
第一磁性层上设置有绝缘层，第一铁磁层之间设置复阻挡层

IBM（2000）
US09584470
第一磁性层与第一铁磁层之间设置垫势负层，厚度为1.7nm

富士通（1997）
US08785223
3层蓝绿隧道层、磁性层之间设置蓝绿隧道层

惠普（1996）
US08581815
亚铁磁材料和铁氧体磁性层之间插入绝缘层TMR

GMR效应

北京科技大学（2013）
CN201310618729.0
磁性纳米多层膜GMR

天津大学（2013）
CN201310618729.0
[NiFe/Cu/Co]n多层结构纳米线GMR

电子科技大学（2012）
CN201210518181.8
GMI和GMR相结合的磁敏传感器

北京科技大学（2008）
CN2008102223121
铁磁性半米GMR

安捷伦（2008）
US200810020450.1
高阻层固磁薄层

荷姆盖斯科技公司（2001）
US09953539
其衬套磁水在氧化物层GMR

IBM（2000）
US09588849
GMR和TMR双重复合传感器

希捷（1998）
US0991.15581
非磁性导电层和第一磁磁材料层之间以界设置多个非磁材料薄膜层之间

日立（1995）
US0852084
多个铁磁材料料不同厚度材料屏蔽层 都从Fe、NiFeO合金层

US ENERGY（1994）
US0820991
磁性和非磁性材料交替的多层膜GMR

IBM（1993）
US0590603
FeRu、FeRh、FePd和MnP 为夹心铁磁材料的GMR

AMR效应

德州仪器（2018）
US15865825
霍尔或视觉导航磁传图（AMR）传感器集成电路

华中科技大学（2018）
CN201810294650.8
微阻低偏磁集成补偿AMR

意法半导体（2016）
US149.47835
电埋区域修复复位应电圈

STMicroelectronics（2012）
US13.968922
霍尔以及AMR传感器的集成电路

英飞凌（2008）
US12139645
第一对磁铁制作在衬套的移动 且上下AMR位置变地感测轴上，的旋转运动化H、改善灵活性和可靠性

日立（2003）
US10671970
具有自由层、减心灵静电感测

日立（2002）
US10075286
磁涂变更层、高灵敏、低噪声

TECNOLOGIAE（1990）
US09142352
非晶态线AMR传感器

霍尔效应

日本亚德科技株式会社（2000）
JP200104835
多晶薄膜HUBERTUS 霍尔

MASCHEK HUBERTUS（1998）
US09142352
有六个电容器级的3维霍尔传感器

ASAHI CHEM（1990）
JP02222454
InAs外延薄膜霍尔元件

巴库科克（1984）
US09569482
电磁感/水温线性霍尔传感器

西门子（1970）
AT340270
开关型霍尔传感器

美国惠普电气（1961）
US04113311
软磁性材料层显示传感器

（3）GMR 效应传感器/芯片领域，专利研究的核心在磁性纳米金属多层薄膜材料的改进及各层薄膜的结构改进。1993 年 IBM 申请了使用 FeRh、FeRu、FePd 或 MnP 为原子层材料的 GMR（专利号：US08056003）；1994 年美国 ENERGY 公司申请磁性和非磁性材料交替的多层膜 GMR 专利（专利号：US08202991），1995 年日立公司采用；1995 年日立多个铁磁材料薄膜层之间都具有 Fe，Ni 和 Co 合金层（专利号：US08522084）；1998 年希捷公司采用非铁磁导电层和第二铁磁材料层之间边界设置电绝缘材料层（专利号：US09153581）；IBM 公司 2000 年申请 GMR 和 TMR 双混合传感器专利（专利号：US09953539）；2001 年海德威科技公司申请具有铁磁纳米氧化物层 GMR（专利号：US09953539）；2008 年北京科技大学持续进行改进铁磁性纳米环 GMR（专利号：CN200810222312.1）；2008 年安徽大学高精度弱磁场 GMR（专利号：CN200810020450.1）；2012 年电子科技大学 GMI 和 GMR 相结合的磁传感器（专利号：CN201210518181.8）；2013 年天津大学 ［NiFe/Cu/Co/Cu］n 多层纳米线 GMR（专利号：CN201310618729.0）；2014 年北京嘉岳同乐极电子磁性纳米多层膜 GMR（专利号：CN201410074695.8）。

（4）TMR 效应传感器/芯片领域，材料的改进是技术改进重点，1996 年，惠普申请亚铁磁材料和铁氧体磁性层之间插入绝缘体层 TMR 专利（专利号：US08581815）；1997 年富士通 TMR 包括 3 层磁性材料层，磁性层之间均设置绝缘层（专利号：US08785223）；2000 年富士通持续进行改进，在第一磁性层上设置有绝缘层，厚度为 1.7nm（专利号：US09047126），同年，IBM 第一、第二铁磁层间设置势垒层，第二、第三铁磁层间设置间隔物作为自由层（专利号：US09588849）；2004 年，希捷公司在第一、第二铁磁层之间设置阻挡层，阻挡层由氧化合金制成，可防止静电（专利号：US10771959）；2009 年，日立研究非晶钴－铁－硼合金薄膜 TMR（专利号：JP2009202412）；2011 年希捷采用非磁性镍的合金作为缓冲层（专利号：US13152860）；2017 年 IBM 在第一、第二铁磁层之间设置反平行耦合层，还包括电导线层和稳定层，稳定性高（专利号：US15788550）。在 TMR 领域，通过材料的改进，实现更高的温度稳定性、灵敏度为技术研究的趋势。

（5）GMI 效应传感器/芯片领域，博世（1999）研发的（专利号：DE19953190）导体呈星形形状的 GMI；QinetiQ（2001）研发的（专利号：US09743315）非晶材料的灯丝制成的 GMI；电子科技大学（2006）研发的（专利号：CN200610021844.X）铁合金氮化物纳米巨磁阻抗薄膜材料及制备方法；上海交通大学（2009）研发的（专利号：CN200910307531.4）非晶丝两端交流正弦激励电流和差分放大器，能够探测微弱磁场；上海交通大学

（2010）研发的（专利号：CN200910307531.4）采取直流偏置电压电路，提高灵敏度，能够探测微弱磁场；电子科技大学（2012）研发的（专利号：CN201210518181.8）GMI 和 GMR 相结合的磁敏传感器件以及（专利号：CN201210183681.0）采用射频磁控溅射工艺在非晶带状磁性材料上沉积钴铁氧体薄膜；MAGNE DESIGN（2014）研发的（专利号：JP2014122265）左、右绕组线圈绕制的线圈元件，解决线长，实现微小尺寸；北京理工大学（2017）采用 MEMS 技术将非晶丝与微结构线圈集成，微型化 GMI（专利号：CN201710825386.3）。

综上所述，弱磁场范围的磁敏传感器和三维磁敏传感器近几年已经成为磁敏传感器研究开发的热点，磁传感器和芯片趋向高性能、多功能、低成本和小型化发展。此外，磁敏产业新材料的开发推动了核心技术的演进，采用纳米材料制作的传感器，具有庞大的界面，能提供大量的气体通道，而且导通电阻很小，有利于传感器向微型化发展，是未来技术的发展方向。近年来，随着集成电路工艺发展起来的离子束、电子束、分子束、激光束和化学刻蚀等用于微电子加工的技术，目前已越来越多地用于传感器领域，如溅射、蒸镀、等离子体刻蚀、化学气体淀积（CVD）、外延、扩散、腐蚀、光刻等。

台积电围绕智能传感器设计、制造、封装产业链上下游均有专利布局，该公司核心专利情况如图 5-7 所示。在单项制造工艺中，涉及光刻工艺和铜互连工艺较多。在光刻工艺中，台积电重点布局双重图形工艺，具体包括设置多种类型的图层，以满足需求。例如，依次在衬底上形成伪栅极层和硬掩模层，形成目标层上方的掩蔽层，衬底上方形成图案预留层等。在互连工艺中，也有较多的技术积累，例如双镶嵌互连结构、在介电层上形成沉积蚀刻停止层（ESL）等。在集成制造工艺中，台积电对 28nm 以下的先进制造工艺有充分的专利布局，包括 FinFET（鳍式场效应晶体管）制造工艺以及 SOI（绝缘体上硅）工艺，其中台积电公司更侧重于对 FinFET 工艺的专利布局。

中芯国际专利布局以集成电路制造工艺为主，该公司核心专利情况如图 5-8 所示。在光刻工艺中，中芯国际关注以 SADP 技术（自对准双图案技术）形成间隔侧墙的制造方法，包括采用对有机芯轴层的两侧进行离子注入，以简化工艺等。在互连工艺中，也有较多的技术积累，例如通过超声波和多步双脉冲电镀工艺的结合实现互连；向低介电常数层间介质层掺入碳元素，以降低介电常数。在集成制造工艺中，中芯国际已经开始布局 28nm 以下的先进制造工艺，并且有一定的技术积累，包括 FinFET（鳍式场效应晶体管）制造工艺，以达到保持侧墙厚度均匀、避免穿通现象及增加 PN 结的面积等效果。

		光刻工艺
CN106816378A 用于双重图案化工艺的临界 尺寸控制	CN105321874B 形成半导体器件的方法	CN104124139B 半导体结构的形成方法 依次在衬底上形成伪栅极层和硬掩模层； 形成目标层上方的掩蔽层； 衬底上方形成图案预留层；
		互连工艺
CN111180384A 互连结构及其形成方法	CN111128863A 半导体互连结构和形成 半导体结构的方法	CN110957298A 半导体结构及其形成方法 导线和导电通孔的双镶嵌互连结构； 在第一个互连层上方沉积蚀刻停止层 (ESL)； 在金属互连结构和周围介电层之间形成 凹槽
		FinFET先进制造工艺
CN110970306A 鳍式场效应晶体管器件及 其形成方法	CN111129145A FinFET器件及其形成方法	CN111126151A 鳍式场效应晶体管器件及 其形成方法 进行表面处理工艺，从而减少结晶 缺陷； 进行等离子体清洁工艺，以清洁凹槽； 执行湿法蚀刻工艺、干法刻蚀工艺， 以清洁凹槽
		凸块封装工艺
CN111354653A 芯片封装结构及其形成方法	CN111354690A芯片封装 结构及其形成方法	CN111223821A 半导体器件封装件和半导体 结构 在与芯片基底相反的第二表面设置 虚拟凸块； 在芯片结合的第一基底的第二表面 上形成凸块与虚拟凸块； 设置凸块下金属化层；

制造

封装

图 5-7　台积电核心专利技术情况

光刻工艺	CN102347217B 半导体器件精细图案的制作方法	CN102789968B 在半导体制造工艺中形成硬掩模的方法	CN104124139B 半导体结构的形成方法	采用对有机芯轴层的两侧进行离子注入；采用自对准方法改变材料顶部和侧部的性质；在侧墙之间填充DUO层或Si ARC层
互连工艺	CN104979329B 一种半导体器件及其制造方法和电子装置	CN106486415B 互连结构的制造方法	CN102751233B 互连结构形成方法	通过穿层刻蚀实现互连件实现互连；通过超声波和多步双脉冲电镀工艺的结合实现互连；向层间介质层掺入碳元素，以降低介电常数
FinFET先进制造工艺	CN107644816B FinFET半导体器件及其制造方法	CN104022037B 鳍式场效应晶体管及其形成方法	CN104124153B 鳍式双极结型晶体管及其形成方法	使得在侧墙刻蚀之后仍然保持侧墙厚度均匀；避免鳍部的底部的源区到漏区的穿通现象；使得PN结面积较大，并且面积的可调节范围大

图 5 - 8 中芯国际核心专利技术情况

5.4　专利运营及布局方向

5.4.1　协同创新热点方向

协同创新的技术往往设计技术的难点、重点或者产业热点。从协同创新专利技术（见图 5 – 9）来看，MEMS 传感器设计协同创新专利申请共计 1423 件，虽略少于带处理器的传感器、磁传感器、CMOS 图像传感器的 2000 余件，但其协同创新专利申请占比 10.88%，排名第一。并且，制造领域 MEMS 制造工艺协同创新专利比例为 10.69%，封装领域 MEMS 封装技术协同创新专利比例也超过 10%，均为所在一级技术中的协同创新专利申请占比第一名。可见，MEMS 是协同创新热点技术方向，是未来传感器核心发展方向。

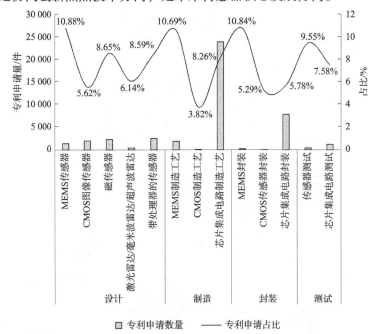

图 5 – 9　协同创新热点方向

一些跨国巨头联合其他企业或研究机构进行专利申请、联合专利申请的背后，往往是技术的协同创新。协同创新的技术往往又涉及技术的难点、重点或者产业热点。本书对智能传感器领域市场和专利申请均具有明显优势的博世、霍尼韦尔、松下 3 家公司的合作专利申请技术进行梳理，如图 5 – 10 所示。

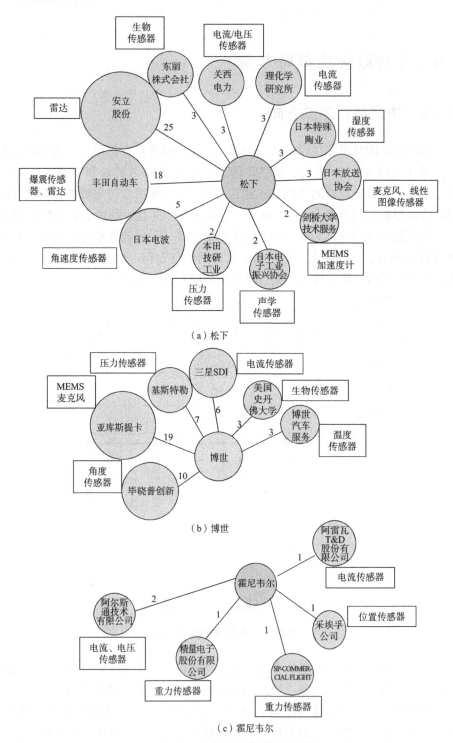

（a）松下

（b）博世

（c）霍尼韦尔

图5-10　重点企业协同创新情况

整体来看，跨国巨头的协同创新方向均集中在产业链的设计领域，其中松下、博世、霍尼韦尔跨国巨头协同创新方向主要集中在传感器设计领域。其中松下分别与安立股份、丰田自动车、日本电波、东丽株式会社等 11 家企业在雷达、爆震传感器、角速度传感器、电流/电压传感器、湿度传感器、麦克风、线性图像传感器等方面开展技术合作。博世分别与亚库斯提卡、毕晓普创新、基斯特勒、三星 SDI 等 6 家企业开展技术合作，合作申请主要涉及 MEMS 麦克风、角度传感器、电流传感器等技术领域。霍尼韦尔与 ALSTOM TECHNOLOGY、MEASUREMENT SPECIALTIES、SP – COMMERCIAL FLIGHT、ZF FRIEDRICHS-HAFEN 等 5 家企业开展技术合作，合作申请专利技术涉及电流传感器、电压传感器、重力传感器、位置传感器。

制造领域，台积电开展与台湾大学、台湾交通大学等院所进行制造工艺的技术合作研发；中芯国际与中国科学院微电子研究所和北京大学进行技术转让，与中国科学院上海微系统与信息技术研究所等院所进行技术合作研发。

5.4.2　专利运用热点方向

从智能传感器二级技术专利运用数量（见表 5 – 8）来看，制造领域，尤其是芯片集成电路制造工艺转让、许可、质押、诉讼的专利数量均名列前茅，由于芯片集成电路制造工艺的专利申请数量较大，其运用比例为 35.63%，在 13 个二级技术专利运用数量中排名第三。从运用比例来看，MEMS 传感器封装发生运用数量占比高达 44.60%，名列前茅。CMOS 图像传感器设计运用数量占比为 36.39%。

综上，芯片集成电路制造工艺、CMOS 图像传感器设计、MEMS 传感器封装几个二级技术分支为专利运用热点方向。

表 5 – 8　二级技术专利运用数量

一级技术	二级技术	专利申请量/件				运用数量占比/%
		转让	许可	质押	诉讼	
设计	MEMS 传感器	3931	103	189	8	32.79
	CMOS 图像传感器	12 163	71	778	50	36.39
	磁传感器	6938	100	783	12	28.32
	激光/毫米波/超声波雷达	1482	31	72	3	23.01
	带处理器的传感器	7105	232	715	45	25.59

续表

一级技术	二级技术	专利申请量/件				运用数量占比/%
		转让	许可	质押	诉讼	
制造	MEMS 制造工艺	5125	157	460	8	31.79
	CMOS 制造工艺	1077	4	82	2	35.07
	芯片集成电路制造工艺	92 618	757	10 385	225	35.63
封装	MEMS 传感器封装	922	14	132	1	44.60
	CMOS 传感器封装	40	1	4	1	27.06
	芯片集成电路封装	37 281	612	6142	208	32.13
测试	传感器测试	1035	19	91	3	26.56
	集成电路测试	4759	55	586	16	33.08

从设计领域三级技术专利运用数量（见图5-11）来看，CMOS 图像传感器的专利运用数量明显高于其他技术，从运用数量占比来看，TMR 磁传感器、MEMS 麦克风、GMR 磁传感器、堆栈式 CMOS 图像传感器位列第一梯队，运用数量占比均超过39%。

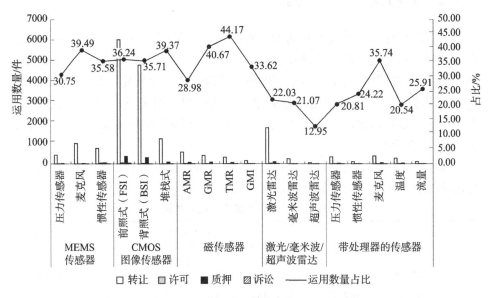

图5-11　设计领域三级技术专利运用数量

从三级技术专利运用数量（见表5-9）来看，"转让"为各技术专利运用热点类型，"转让"热点与表5-8二级技术运用热点相同；"许可"热点技术方向为：芯片集成电路制造工艺、MEMS 制造工艺；"质押"热点方向为：芯片集成电路制造工艺、MEMS 制造工艺、芯片集成电路表面贴装—面积阵列封装；"诉讼"热点方向为：芯片集成电路制造工艺、表面贴装—面积阵列封装。

表5-9　三级技术专利运用数量

一级技术	二级技术	三级技术	专利申请量/件				运用数量占比/%
			转让	许可	质押	诉讼	
设计	MEMS传感器	压力传感器	428	10	19	0	30.75
		麦克风	997	8	24	3	39.49
		惯性传感器	757	35	51	1	35.58
	CMOS图像传感器	前照式（FSI）	6030	43	362	39	36.24
		背照式（BSI）	4805	24	304	8	35.71
		堆栈式	1222	2	86	2	39.37
	磁传感器	AMR	567	11	67	2	28.98
		GMR	405	3	80	0	40.67
		TMR	321	8	61	1	44.17
		GMI	144	3	8	0	33.62
	激光/毫米波/超声波雷达	激光雷达	1750	22	89	3	22.03
		毫米波雷达	239	9	9	0	21.07
		超声波雷达	53	3	2	0	12.95
	带处理器的传感器	压力传感器	331	2	27	1	20.81
		惯性传感器	100	1	7	0	24.22
		麦克风	379	9	53	1	35.74
		温度	270	11	38	0	20.54
		流量	103	3	8	0	25.91
制造	MEMS制造工艺		5125	157	460	8	31.74
	CMOS制造工艺		1077	4	82	2	35.01
	芯片集成电路制造工艺		92 618	757	10 385	225	35.55
封装	MEMS传感器封装	器件级封装CSP	20	0	4	0	34.78
		圆片级封装WLP	88	2	11	0	33.33
		系统级封装SIP	83	2	21	0	50.24
	CMOS传感器封装		40	1	4	1	26.47

续表

一级技术	二级技术	三级技术	专利申请量/件				运用数量占比/%
			转让	许可	质押	诉讼	
封装	芯片集成电路封装	直插封装	117	3	34	1	25.00
		表面贴装 - 双边或四边引线封装	459	13	106	2	36.35
		表面贴装 - 面积阵列封装	8115	163	1779	50	39.10
		高密度封装	2345	14	383	2	37.69
测试	传感器测试		1035	19	91	3	26.49
	集成电路测试		4759	55	586	16	32.98

第六章　天津市智能传感器产业发展定位

目前，我国智能传感器产业发展态势良好的重点城市包括上海、苏州、北京、武汉、重庆、广州，将天津市智能传感器产业的各项指标通过专利数据分析以及与全球、中国及前述典型地区进行对比分析，明确智能传感器产业发展定位，并揭示天津智能传感器产业发展中存在的结构布局、企业创新能力、技术创新能力、人才储备、专利运营等方面的问题，为后续的发展规划提供支撑。

本章将从天津市智能传感器产业结构定位分析、企业创新实力定位分析、创新人才储备定位分析、技术创新能力定位分析、专利运营实力定位分析五个角度展开分析。

6.1　天津市智能传感器产业结构定位分析

6.1.1　天津市与全国、全球专利布局结构差异

以智能传感器产业一级技术分类设计、制造、封装、测试分别作为研究领域，统计天津相关专利申请数量在全球、中国各领域的占比，结果见表 6-1。

表 6-1　天津各一级技术分支专利申请量在全球、中国的占比

	设计	制造	封装	测试
全球专利申请量/件	253 597	311 260	138 881	20 639
中国专利申请量/件	50 915	78 017	45 274	6623
天津专利申请量/件	1261	381	205	130
天津在全球占比/%	0.50	0.12	0.15	0.63
天津在中国占比/%	2.48	0.49	0.45	1.96

从各技术专利数量占比来看，天津在设计、制造、封装、测试的专利数量占全球的比例均低于1%，说明天津市专利申请储备明显不足，尤其是在制造

和封装方面，天津专利申请量分别为381件、205件，在全球专利申请占比仅为0.12%、0.15%，在中国专利申请占比也仅为0.49%、0.45%。从产业链结构来看，天津市专利申请覆盖智能传感器的全产业链，与全球和中国相比，天津市专利申请注重设计领域的专利布局，占比超60%，高于全球、全国在设计领域的比例（见图6-1）。将天津市产业结构占比与全球及中国的整体情况对比来看，天津的产业结构特点为设计领域占比明显高于全球和中国的整体情况；中游制造领域、封装领域的占比明显低于全球和中国的整体情况；测试领域的占比略高于全球和中国的整体情况。

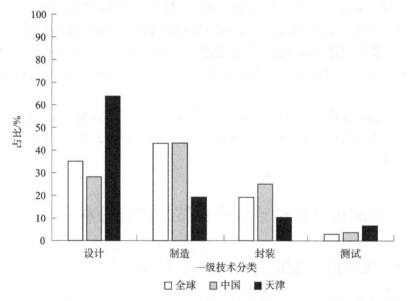

图6-1　全球、中国、天津各一级技术分支专利申请量占总量的比例对比

由于制造、封装是智能传感器产业最为重要的产业链，其研发热度也最高，所以建议天津市继续保持设计领域的研发，同时调整制造、封装和测试的产业结构比重，对比全球和中国产业链的专利占比，封装、制造技术亟待加大创新力度，提升专利占比，从而实现以设计作为基础，突破制造、封装技术瓶颈，拥有自主知识产权的设备及工艺，来扩大下游各个领域的服务及应用，形成一个良性、完整的全产业链。此外，在产业布局结构优化方面，要根据技术、产品和市场的变化情况动态调整产业结构比例。

6.1.2　天津市龙头企业与全球龙头企业专利布局结构差异

天津市智能传感器龙头企业与全球智能传感器龙头企业各一级技术分支专利申请数量占总量的比例如图6-2所示。天津市龙头企业中仅中芯国际集成电路制造（天津）有限公司在智能传感器的各产业环节有专利布局，其主要以制造环节为重点；另外专利布局范围较大的迈尔森电子（天津）有限公司则兼顾设计和制造两个环节。

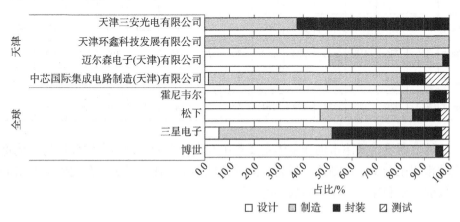

图6-2　天津、全球智能传感器龙头企业各一级技术分支专利申请量占总量的比例对比

综上，天津市在智能传感器领域的专利布局结构与产业结构一致，天津市智能传感器产业链相对完整，但主要聚集在设计环节，制造、封装、测试占比较小，尤其是制造和封装环节，产业结构不优。

6.2　天津市智能传感器产业企业创新实力定位

6.2.1　天津市企业专利布局的产业链优、劣势分析

从天津市与典型城市在产业链上的创新主体总量和企业创新主体数量分布（见表6-2）来看，典型城市企业创新主体均主要集中在设计领域，其中北京、上海在传感器设计领域投入研究的企业创新主体数量均超千家，位列第一梯队，苏州、广州、天津较为接近，位列第二梯队。在制造、封装、测试领域，上海、北京、苏州企业创新主体数量较为接近，其次为广州，天津与重

庆、武汉旗鼓相当，与上海、北京、苏州相比还存在较大差距。

表6-2 天津市与重点城市产业链上的企业数量分布 （单位：家）

一级技术	北京		上海		苏州		武汉		重庆		广州		天津	
	创新主体总量	企业创新主体数量	创新主体总量	企业创新主体数量	创新主体总量	企业创新主体数量	创新主体总量	企业创新主体数量	创新主体总量	企业创新主体数量	创新主体总量	企业创新主体数量	创新主体总量	企业创新主体数量
设计	1791	1120	1406	1075	658	567	432	285	367	225	567	411	518	402
制造	420	236	418	329	324	294	80	55	65	47	107	70	60	39
封装	270	185	410	341	357	315	71	52	76	55	144	114	66	49
测试	317	229	276	224	177	161	52	37	45	37	69	53	73	55

综上所述，天津市创新主体主要集中在设计领域，创新主体数量与其他重点城市相比较少；在制造、封装、测试领域创新主体数量少，存在研发产出能力较弱、专利保护力度薄弱的问题。

6.2.2 天津市龙头企业专利竞争实力

从全球天津市龙头企业目前的专利申请技术分布情况（见表6-3）来看，设计领域的技术相对全面，除CMOS传感器封装技术外，其他主要技术领域均有专利申请。天津市MEMS传感器设计和制造工艺方面的龙头企业有迈尔森电子（天津）有限公司；芯片集成电路制造工艺方面的龙头企业有中芯国际集成电路制造（天津）有限公司、天津环鑫科技发展有限公司；芯片集成电路封装领域的龙头企业有天津中环电子照明科技有限公司。

综上所述，天津市龙头企业规模相对较小，不具备技术和产品优势，专利申请数量少，质量较低，未形成合理的布局，在行业竞争中缺乏专利控制力。天津市企业的专利申请对智能传感器产业竞争地位的支撑作用较小。

表6-3　全球、天津市龙头企业专利申请技术分布情况　（单位：件）

区域	二级技术	设计					制造			封装			测试	
		MEMS传感器	CMOS图像传感器	磁传感器	激光雷达/毫米波雷达/超声波雷达	带处理器的传感器	MEMS制造工艺	CMOS制造工艺	芯片集成电路制造工艺	MEMS封装	CMOS传感器封装	芯片集成电路封装	传感器测试	芯片集成电路测试
全球	东芝	17	985	181	10	170	115	10	4853	4		1472	5	307
	三星电子	46	2942	107	39	175	262	222	10 425	36	3	8852	29	710
	博世	1345	96	505	284	235	1830	2	456	90		139	151	22
	松下	69	562	281	5	266	78	2	3448			1064	15	308
天津	中芯国际集成电路制造（天津）有限公司	1	2				2	2	53			7		7
	迈尔森电子（天津）有限公司	30					29							
	天津威盛电子有限公司								1			11		1
	天津三安光电有限公司								9			15		
	天津环鑫科技发展有限公司								22					
	诺思天津微系统有限责任公司									7		2		
	天津中环电子照明科技有限公司											38		
	天津珞雍空间信息研究院有限公司				4									

续表

区域	二级技术	设计					制造			封装			测试	
		MEMS传感器	CMOS图像传感器	磁传感器	激光雷达/毫米波雷达/超声波雷达	带处理器的传感器	MEMS制造工艺	CMOS制造工艺	芯片集成电路制造工艺	MEMS封装	CMOS传感器封装	芯片集成电路封装	传感器测试	芯片集成电路测试
天津	天津杰泰高科传感技术有限公司				3	2								
	天津三星电机有限公司											1		
	天津航空机电有限公司			2		3							2	

6.2.3 天津市龙头企业与全球龙头企业专利申请数量、质量及活跃度对比

企业竞争优势很大程度上体现在技术创新能力上,而核心技术、专利等知识产权的数量、活跃度和质量最能代表其技术创新能力。表6-4为天津市龙头企业与全球龙头企业专利申请数量、质量及活跃度对比。

表6-4 天津市龙头企业与全球龙头企业专利申请数量、质量及活跃度对比

指标		全球龙头企业			天津市龙头企业			
		三星电子	博世	松下	中芯国际集成电路制造(天津)有限公司	迈尔森电子(天津)有限公司	天津威盛电子有限公司	天津三安光电有限公司
		20 752	6666	9196	65	39	12	21
专利活跃度	占全球专利数量比例/%	2.914	0.936	1.291	0.009	0.006	0.002	0.003
	2001—2020年专利申请量/件	3883	2227	279	65	39	12	21

续表

指标		全球龙头企业			天津市龙头企业			
		三星电子	博世	松下	中芯国际集成电路制造（天津）有限公司	迈尔森电子（天津）有限公司	天津威盛电子有限公司	天津三安光电有限公司
		20 752	6666	9196	65	39	12	21
专利活跃度	2016—2020 年专利申请量/件	1771	1009	26	65	14	6	6
	活动年期	1995—2020	1998—2020	1979—2012	2015—2019	2011—2012、2015—2016、2018—2019	2012—2014、2016—2018	2012、2014—2020
专利质量	授权有效发明数量/件	10 106	2893	3418	23	25	3	9
	专利布局地区的专利数量/件	［JP］1103 ［US］5849 ［KR］11 112 ［EPO］208 ［DE］384 ［CN］1344 ［WIPO］23	［JP］740 ［US］1140 ［KR］199 ［EPO］668 ［DE］1969 ［CN］468 ［WIPO］761	［JP］6287 ［US］964 ［KR］243 ［EPO］401 ［DE］244 ［CN］322 ［WIPO］400	［CN］65	［US］12 ［CN］14 ［WIPO］9	［CN］12	［CN］19 ［WIPO］2
	平均权利要求个数	14	10	7	14	25	16	22
	平均同族个数	1.6	2.3	1.3	1	1.9	1	1.2
	平均被引用次数/次	11	4	8	2	6	3	10
	被引用次数>50	9192	64	110	0	0	0	0

从专利数量来看，全球龙头企业三星电子在智能传感器产业专利数量超 2 万件，松下、博世的专利申请数量也有数千件，而天津龙头企业中仅中芯国际

集成电路制造（天津）有限公司相关专利申请60余件，天津三安光电有限公司、天津威盛电子有限公司相关专利申请均少于30件，与全球龙头企业相比差距大。在专利活跃度方面，三星电子和博世近几年研发活跃，天津的主要企业专利申请量较少。专利质量方面对比发现，天津龙头企业发明授权有效专利、专利布局国家（地区、组织）范围明显小于全球龙头企业，专利质量有待提高；专利布局国家（地区、组织）方面全球龙头企业市场发展范围广，在中国、日本、美国、韩国等主要国家均有一定数量的专利布局，并且十分重视PCT和欧洲专利局的专利申请，而天津企业主要聚焦国内市场；平均权利要求个数层面，迈尔森电子（天津）有限公司、天津威盛电子有限公司、天津三安光电有限公司均多于全球龙头企业；平均被引用次数方面，天津三安光电有限公司相关专利平均被引用次数超过全球龙头企业博世、松下，但天津市龙头企业中无平均被引用次数大于50次的专利申请，说明国外龙头企业专利被用作技术参照的次数较多，拥有较多重要的专利。

综上，天津市龙头企业在专利申请数量、授权有效发明数量、专利布局国家（地区、组织）的专利数量方面，相比国外巨头企业，均存在较大的差距，天津市智能传感器产业技术专利在质量方面还有待提高。

6.3　天津市智能传感器产业创新人才储备定位

6.3.1　天津市创新人才拥有量在全球、全国的占比

表6-5为天津市创新人才拥有量在全球、全国的占比，可以看出，全球、中国及天津创新人才数量均集中在智能传感器设计领域，天津在测试领域的发明人数量在全球的占比相对较高，在制造和封装领域发明人数量在全球、中国的占比均较少。

表6-5　天津市创新人才拥有量在全球、全国的占比

技术分类	全球发明人数量/人	中国发明人数量/人	天津发明人数量/人	天津市东丽区发明人数量/人	天津发明人全球占比/%	天津发明人中国占比/%
设计	333 469	79 774	1985	92	0.60	2.49
制造	303 393	91 643	850	2	0.28	0.93
封装	153 221	32 269	226	0	0.15	0.70
测试	30 925	14 082	322	5	1.04	2.29

综上，天津市在设计领域有一定的人才优势，但在其他领域创新人才储备较少，需要加强人才培养与高端人才引进。

6.3.2　天津市创新人才拥有量与其他区域创新人才拥有量的对比

从智能传感器产业国内典型城市各技术领域创新人才数量分布（见表6-6）来看，北京为科研院校集中地区，其产业基础和研发实力相对较好，设计领域具有明显优势；上海制造领域的发明人数量占据明显优势，此外在设计领域也有近5000位发明人，这得益于中芯国际集成电路制造（上海）有限公司、上海华虹（集团）有限公司、上海微电子装备（集团）股份有限公司、安集微电子（上海）有限公司等国内集成电路优势企业。苏州工业园MEMS传感器具有较强实力，具有苏州敏芯微电子技术股份有限公司等优势企业，聚集了一定数量的人才，主要集中在设计领域；天津发明人主要集中在设计和制造领域。

表6-6　天津市创新人才拥有量与重点城市创新人才拥有量的对比　（单位：个）

技术分类	北京	上海	苏州	武汉	重庆	广州	天津
设计	9231	4978	1929	1240	1902	1018	1985
制造	4089	4946	628	628	187	279	850
封装	581	1445	758	412	292	334	226
测试	1292	1047	228	404	222	192	322

从各技术领域方面对比，天津在设计领域发明人总量与苏州、重庆等地旗鼓相当，但与北京、上海等地差距较大；制造领域天津相比其他城市有一定的优势，但与北京、上海相比存在较大差距；天津在封装领域的发明人数较少，与重庆相当；测试领域天津的发明人数量相对较少，与北京、上海相比存在较大差距。天津市还应当利用良好的创新创业政策和环境等吸引、集聚外部创新技术人才，充分挖掘国内高校、科研院所以及企业的核心发明人资源，通过人才引进、研发合作、投资创业等多样化方式丰富充实天津市智能传感器领域的技术创新人才梯队，为天津市智能传感器产业的长远发展提供人力资源支撑。

6.3.3　天津市创新人才在产业链各技术环节分布情况

从天津市创新人才在产业链各技术环节分布情况（见表6-7）来看，设计领域发明人集中在 CMOS 图像传感器分支, 尤其是前照式 (FSI) CMOS 图像传感器, 除此以外设计领域激光雷达、温度智能传感器、压力智能传感器方面人才储备也相对较足, 但人均专利申请数量小, 说明研发人员研发能力较弱; 制造领域发明人主要集中在芯片集成电路制造工艺分支, CMOS 制造工艺领域发明人仅为 7 人, 人才存在严重不足; 封装领域发明人主要集中于芯片集成电路封装, 尤其是表面贴装 - 面积阵列封装分支。由于传感器的封装方法与芯片集成电路的封装工艺一致, 因此明确了应用领域为 MEMS 传感器封装、CMOS 传感器封装的专利较少, 同时涉及的发明人数量也较少; 测试领域发明人在传感器测试、集成电路测试分支均为百余位。

表 6 - 7　天津市创新人才在产业链各技术环节分布情况

一级技术	二级技术	三级技术	申请量/件	发明人数量/人	人均专利申请数量/（件/人）
设计	MEMS 传感器	压力传感器	8	11	0.73
		麦克风	9	12	0.75
		惯性传感器（陀螺仪、加速度计、惯性组合传感器）	5	7	0.71
	CMOS 图像传感器	前照式（FSI）	80	89	0.9
		背照式（BSI）	12	34	0.35
		堆栈式	5	15	0.33
	磁传感器	AMR	3	10	0.3
		GMR	7	8	0.88
		TMR	15	29	0.52
		GMI	0	0	0
	激光/毫米波/超声波雷达	激光雷达	20	51	0.39
		毫米波雷达	5	24	0.21
		超声波雷达	5	21	0.24
	带处理器的传感器	压力传感器	34	70	0.49
		惯性传感器	1	4	0.25
		麦克风	2	4	0.5
		温度	31	107	0.29
		流量	8	15	0.53

一级技术	二级技术	三级技术	申请量/件	发明人数量/人	人均专利申请数量/（件/人）
制造	MEMS 制造工艺		38	79	0.48
	CMOS 制造工艺		2	7	0.29
	芯片集成电路制造工艺		343	788	0.44
封装	MEMS 传感器封装	器件级封装 CSP	2	5	0.4
		圆片级封装 WLP	0	0	0
		系统级封装 SIP	2	4	0.5
	CMOS 传感器封装		2	8	0.25
	芯片集成电路封装	直插封装	1	3	0.33
		表面贴装 - 双边或四边引线封装	1	3	0.33
		表面贴装 - 面积阵列封装	35	76	0.46
		高密度封装	12	14	0.86
测试	传感器测试		31	107	0.29
	集成电路测试		100	171	0.58

6.3.4　天津市创新人才在各技术环节分布情况

从天津市创新性人才角度来看，本地的一些高校、科研院所及企业，各领域已经出现一批具备一定创新实力的技术创新人才（见表6-8）。

表6-8　天津市创新人才在各技术环节分布情况

技术分类	发明人	申请量/件	发明人团队	所属单位	主要研发方向	合作企业
设计	高静	30	徐江涛、史再峰、姚素英、高志远、聂凯明	天津大学	CMOS 传感器	
	刘铁根	18	刘铁根、王双、江俊峰、刘琨	天津大学	带处理器的传感器	
	张伟刚	13	董孝义、刘波	南开大学	温度传感器、压力传感器	

续表

技术分类	发明人	申请量/件	发明人团队	所属单位	主要研发方向	合作企业
制造	李玲霞	19	金雨馨	天津大学	芯片集成电路制造工艺	
	胡明	11	梁继然、陈涛	天津大学	MEMS制造工艺、芯片集成电路制造工艺	
	薛玉明	10		天津理工大学	芯片集成电路制造工艺	
封装	庞慰	9	张孟伦、杨清瑞	天津大学	MEMS传感器封装、芯片集成电路封装	诺思（天津）微系统有限公司
测试	赵毅强	16	刘阿强、何家骥、李跃辉	天津大学	传感器测试、集成电路测试	

6.4　天津市智能传感器产业技术创新能力定位

6.4.1　天津市产业链各技术环节专利数量在中国的占比

设计环节，天津以智能传感器设计领域专利申请为主，其中带处理器的传感器专利申请314件，为天津创新主体专利申请热点方向，但PCT申请仅1件，在MEMS传感器、CMOS图像传感器、磁传感器、激光/毫米波/超声波雷达技术分支专利申请均低于百件。制造环节，天津市专利申请技术主要集中在芯片集成电路制造工艺，有345件专利申请。封装环节，天津市在芯片集成电路封装技术有195件专利申请，其中发明申请116件，授权有效专利110件，有效专利占比较高，但PCT申请量较少；MEMS传感器封装有14件，CMOS传感器封装只有2件专利申请。测试环节，天津市在传感器测试技术分支有31件申请，约占全国申请的2.5%，均为发明专利，授权有效专利14件，无PCT申请，2006—2020年专利申请量占比58.06%。中国、天津市产业链各技术环节专利数量分布见表6-9。

表6-9　中国、天津市产业链各技术环节专利数量分布

技术分类		专利申请量/件		发明申请量/件		PCT申请量/件		授权有效专利数量/件		2016—2020年发明申请量占总量的比例/%	
一级技术	二级技术	中国	天津	中国	天津	中国	天津	中国	天津	中国	天津
设计	MEMS传感器	3190	26	2259	23	593	10	1581	18	47.69	38.46
	CMOS图像传感器	4864	94	4408	82	129	2	2083	50	29.95	24.47
	磁传感器	3812	59	2314	27	84	0	797	10	38.79	53.03
	激光/毫米波/超声波雷达	2474	33	1502	22	92	0	394	5	83.22	69.70
	带处理器的传感器	9541	314	4829	133	104	1	1476	39	46.43	36.74
制造	MEMS制造工艺	4056	37	3894	37	127	0	2226	21	36.33	42.11
	CMOS制造工艺	643	4	521	2	9	0	312	2	34.10	100.00
	芯片集成电路制造工艺	48 061	345	46 888	328	1575	2	24 984	143	34.49	48.99
封装	MEMS传感器封装	539	14	362	11	20	3	326	5	35.72	64.29
	CMOS传感器封装	58	2	42	2	4	0	20	1	41.76	0
	芯片集成电路封装	32 368	195	21 764	116	811	5	16 899	110	40.30	62.05
测试	传感器测试	1256	31	1150	31	13	0	435	14	66.15	58.06
	集成电路测试	5185	100	4742	79	70	0	2359	34	47.96	55.00

综上所述，天津市在智能传感器设计领域有一定的研发基础，其他技术环节研发实力比较薄弱。

6.4.2　天津市与典型城市产业链各技术环节专利数量的对比

表6-10展示了天津市与典型城市产业链各技术环节专利数量分布。

设计领域，天津市整体实力与北京、上海相比差距较大，与其他重点城市相当，但天津市在智能传感器设计领域比北京、上海以外的其他城市实力相对较强，另外在CMOS图像传感器设计领域专利数量比广州、重庆、武汉多。

制造领域，天津市与北京、上海相比差距较大，与广州、重庆实力相当，与苏州、武汉存在差距，可见天津市在该领域整体比较薄弱。

封装领域，上海、苏州优势明显，天津市MEMS封装技术虽然与上海、

苏州存在差距，但与广州、重庆、武汉相比，申请量居多，与北京差距也不大，可见，天津市在该技术上有一定的研发基础，但在 CMOS 传感器封装及芯片集成电路封装技术环节比较薄弱。

测试领域，天津市与广州、武汉实力相当，与北京、上海、苏州相比差距大。

表 6 – 10   天津市与典型城市产业链各技术环节专利数量分布   （单位：件）

一级技术	二级技术	广州	重庆	北京	上海	苏州	武汉	天津
设计	MEMS 传感器	17	26	258	322	120	42	26
	CMOS 图像传感器	24	51	259	811	124	45	94
	磁传感器	54	46	333	273	210	78	59
	激光雷达/毫米波雷达/超声波雷达	54	13	373	277	68	96	33
	带处理器的传感器	206	189	828	760	249	211	313
制造	MEMS 制造工艺	33	40	491	651	133	76	38
	CMOS 制造工艺	0	3	19	213	17	6	2
	芯片集成电路制造工艺	428	289	4508	12 934	1083	1819	345
封装	MEMS 封装	1	2	22	40	30	5	14
	CMOS 传感器封装	0	1	3	11	2	0	2
	芯片集成电路封装	597	284	907	1548	1760	229	195
测试	传感器测试	24	24	173	113	60	16	31
	芯片集成电路测试	102	48	472	1253	238	143	100

6.5   天津市智能传感器产业专利运营实力定位

专利运营形式多样，主要包括转让、许可、质押、诉讼、无效等，专利运营的活跃度可以反映区域产业的活力及产业企业在技术上的实力。

6.5.1   天津市专利运营活跃度

从天津市智能传感器专利运营活跃度（见表 6 – 11）来看，天津市智能传感器产业专利运营手段多样，但总体占比较少，活跃度不高。从各领域角度看，制造环节的专利运营最活跃，运营数量占比为 8.42%，主要运营手段为专利转让；其次是封装和测试环节，运营数量占比在 7.00% 左右；设计环节虽然运营数量最多，但占比仅为 3.57%，运营最不活跃。

从运营手段来看，天津市专利运营手段多样，但专利转让较为集中；许可方面除制造环节外，其他技术环节都有涉及；除测试环节外，其他技术环节都有专利质押；专利诉讼、无效仅存在于设计环节。

表 6-11　天津市专利运营活跃度

一级技术	专利数量/件					运营数量占比/%
	转让	许可	质押	诉讼	无效	
设计	31	8	2	2	2	3.57
制造	27	0	5	0	0	8.42
封装	5	8	2	0	0	6.91
测试	5	4	0	0	0	7.02

综上，天津市专利运营活跃度都不高，可通过培育高价值专利、联合第三方金融服务机构等方式提高专利转化效率。

6.5.2　天津市运营主体情况

天津市智能传感器专利运营主体数量分布见表 6-12。

表 6-12　天津市专利运营主体数量分布　　　　　（单位：个）

专利运营类型	企业	高校	科研机构	个人	知识产权运营机构
转让	34	4	2	7	0
许可	4	1	2	1	2
质押	6	0	0	0	2
诉讼	0	1	0	1	0
无效	1	0	0	1	0

从专利运营主体角度，天津市企业主要以转让为主，有部分质押、许可，1 家企业发生专利无效，未涉及诉讼。高校方面，转让数量仅为个位数，许可、诉讼各有 1 件，无质押专利，无专利无效，可见高校成果转化方面比较欠缺。科研机构方面与高校类似，只有 2 件转让及 2 件许可，未涉及其他运营方式。总体看来高校及科研机构专利运营手段过于单一，科技成果转化方面不理想。个人方面运营主体数量不多，但相对来看，排名仅次于企业，运营手段也较为多样化，可见个人专利运营的开展较好，民间发明人对专利成果转化抱有

积极态度。天津市专利运营主体还涉及知识产权运营机构,其中专利许可有2家作为许可人,专利质押有2家机构作为质权人参与其中。

转让方面主要以企业为主,高校及科研机构参与度不高。许可方面,整体数量较少,都为个位数,但运营主体参与度较高,企业、高校、科研机构、个人及知识产权运营机构都有涉及。质押方面,运营不活跃,基本都是企业在进行,还有2家知识产权运营机构参与。无效及诉讼方面,1家企业涉及专利无效,1家高校涉及专利诉讼,个人在两方面各有1人参与。

综上,天津市整体运营主体类型多样,但数量较少,除专利转让以外其他运营手段使用频率过低,高校及科研机构对专利运营重视不够,影响科技成果转化,整体可能存在专利质量较差、并非核心或基础专利等问题。

6.5.3 天津市运营主体的基础实力和潜力对比

1. 运营主体基础实力

天津市与典型城市专利运营数量对比见表6-13。从数量上看,上海是专利运营数量最多的城市,共有3000余件,遥遥领先。其次是北京1072件,苏州365件,其他城市都只有100余件,天津排名最后。

表6-13 天津市与典型城市专利运营数量对比 (单位:件)

分类	专利申请量						
	广州	重庆	北京	上海	苏州	武汉	天津
转让	106	72	971	3452	314	149	84
许可	10	15	46	54	15	5	20
质押	18	63	37	23	14	7	9
诉讼	0	0	8	2	9	3	2
无效	1	1	10	6	13	0	2
合计	135	151	1072	3537	365	164	117

从专利运营方式上看,转让依旧是主要手段。专利许可方面,上海、北京位列前两位;天津有20件,位列第三;其他城市都为10件左右。专利质押方面,重庆表现突出,有63件,天津仅为9件。诉讼和无效方面,苏州、北京数量居多,其次是上海,天津整体数量不多,对比其他城市来看,占据中游位置。

综上分析,天津整体专利运营数量较少,但运营方式多样,其中专利转让运营比较活跃。

2. 运营主体潜力

天津市与典型城市专利运营主体潜力对比见表 6 - 14。整体来看，上海从数量上占据明显优势，授权有效专利接近 1 万件，授权有效发明专利在 8000 件以上；其次是北京，授权有效专利 5000 余件，授权有效发明专利维持在 3000 件以上；苏州、武汉、广州的授权有效专利在 1000 件以上，天津与重庆的授权有效专利在 700 件左右，其中天津略高。

表 6 - 14　天津市与典型城市专利运营主体潜力对比　　　（单位：件）

分类	广州	重庆	北京	上海	苏州	武汉	天津
授权有效专利数量/件	1293	658	5066	9987	2331	1490	768
授权有效发明专利数量/件	400	305	3421	8017	910	793	296
授权有效发明专利占比/%	30.94	46.35	67.53	80.27	39.04	53.22	38.54
公开、实质审查专利数量/件	399	291	1613	2977	934	886	283
核心专利数量/件	26	75	295	459	152	122	36

授权有效发明专利可以直接反映专利的质量及专利对于申请人的重要性，从授权有效发明专利占比看，上海优势明显，在 80% 以上，北京占比为 67.53%，位列第二。武汉、重庆为 50% 左右，广州最低，只有 30.94%，天津较广州略高，为 38.54%。从此方面看上海和北京的专利运营潜力较大，天津略差。

公开、实质审查专利方面，上海、北京的数量分别为 2977 件、1613 件，苏州和武汉属于第二梯队，分别为 934 件、886 件，广州、重庆、天津都在 400 件以下，天津最少，为 283 件。从此方面看，天津整体潜力略差，但也有赶超的可能。

核心专利方面，上海遥遥领先，为 459 件，北京 295 件，苏州、武汉都在 100 件左右，其他城市都在 100 件以下，天津比广州略高，为 36 件。从此方面看，天津专利质量略差。

第七章　天津市智能传感器产业发展路径导航

随着我国工业自动化、智能系统、仪器仪表、汽车电子、物联网技术的飞速发展，市场对高精度、高可靠性、高性价比的传感器及传感器芯片需求急剧增长，已形成新兴产业。

为了加快天津市智能传感器产业的持续健康发展，基于产业发展方向和天津市产业发展定位，通过产业结构优化路径、技术创新及引进路径、企业培育及引进路径、创新人才培养及引进路径引导天津市智能传感器产业的发展，为天津市政府和企业提供可行的产业发展路径。

7.1　产业结构优化路径

表 7－1 为天津市智能传感器产业发展方向建议。

表 7－1　天津市智能传感器产业发展方向建议

	技术类别	研发基础评价	相关技术承担公司	相关领军人才	专利申请省市排名	政策导向	发展方向建议
设计	MEMS传感器	有一定研发基础，相关技术承担单位实力较强	迈尔森电子（天津）有限公司、美新半导体天津有限公司、中芯国际集成电路制造（天津）有限公司		15	是	★★
	CMOS图像传感器	有一定研发基础，相关技术承担单位实力较强	中芯国际集成电路制造（天津）有限公司，天津安泰微电子技术有限公司	天津大学：高静、徐江涛、史再峰	5	是	★★

技术类别		研发基础评价	相关技术承担公司	相关领军人才	专利申请省市排名	政策导向	发展方向建议
设计	磁传感器	研发能力较弱，相关技术承担单位具有一定实力	美新半导体天津有限公司、科大天工智能装备技术（天津）有限公司	科大天工智能装备研究院：毛思宁、张超、万亚东、姜勇、张波	11	是	★
	激光雷达/毫米波雷达/超声波雷达	研发能力弱，相关技术承担单位实力较弱	天津杰泰高科传感技术有限公司		12	无	★
	带处理器的传感器	研发能力弱，相关技术承担单位实力较弱	鼎佳（天津）汽车电子有限公司、中环天仪股份有限公司	天津大学：刘铁根	9	是	○
制造		研发能力弱，相关技术承担单位实力较强	中芯国际集成电路制造（天津）有限公司		12	是	★
封装		研发能力弱，无相关技术承担单位			13	是	○
测试		研发能力弱，无相关技术承担单位			11	是	○

发展方向建议：★★表示重点发展方向；★表示次重点发展方向；○表示次要发展方向

天津市人民政府印发了《天津市国民经济和社会发展第十四个五年规划和二〇三五年远景目标纲要》，明确要推动高性能智能传感器关键技术攻关，强化芯片设计、高端服务器制造等优势，补齐芯片制造、封装、测试、传感器、通信设备等薄弱或缺失环节，建成"芯片—整机终端"基础硬件产业链，实现全链发展。

天津市目前智能传感器产业发展现状为：在设计领域具有一定的产业基础和创新实力，但是在制造、封装、测试领域实力较弱，没有形成完善的、能够有效衔接的产业链，产业链有待完善，未真正构建起规模化的产业聚集。智能传感器的发展，各个环节之间是相互支撑、相互促进的，因此，构建较为完善的产业链，才能真正实现智能传感器产业发展的本土化和特色化，才能有效发挥天津市在设计环节上的技术优势，激活创新源头，实现产业可持续发展。鉴于天津市的产业结构特点，在产业布局结构等方面建议天津市从以下几个方面着手。

7.1.1　强化产业链优势

设计领域为天津市专利布局热点，也是天津创新主体相对较为丰富的产业链。①MEMS 传感器设计是全球专利布局和运用的热点方向，迈尔森电子（天津）有限公司、美新半导体天津有限公司、中芯国际集成电路制造（天津）有限公司在 MEMS 传感器设计和制造技术均有产业基础和核心技术，尤其是 2019 年成立的美新半导体天津有限公司，其母公司美新半导体有限公司是全球领先的惯性 MEMS 传感器及解决方案提供商，其落地的美新半导体（无锡）有限公司已成为国内最大的 MEMS 惯性传感器公司，是少有的掌握核心技术且能够直接和国际巨头竞争的本土公司，且美新半导体天津有限公司在 MEMS 压力传感器、MEMS 麦克风传感器、MEMS 惯性传感器设计和制造技术方面均有技术积累。②天津 CMOS 图像传感器设计的专利申请量在全国各省（自治区、直辖市）中排名第五位，具有一定的优势，拥有中芯国际集成电路制造（天津）有限公司、天津安泰微电子技术有限公司等优质企业，以及天津大学微电子学院的高静、徐江涛、史再峰等优秀科研人员。③磁传感器设计领域，东丽区华明高新区引进了科大天工智能装备研究院毛思宁、张超、万亚东、姜勇、张波等人才，他们在磁传感器技术上具有多年研发经验，毛思宁被誉为国际硬盘界的隧道磁阻 TMR "磁头之父"。

由此可知，天津在 MEMS 传感器、CMOS 传感器、磁传感器具有一定的产业基础，但暂未形成真正强势且研发实力雄厚的企业，建议对上述 MEMS 传感器、CMOS 传感器、磁传感器优势企业给予资金和政策的专项支持，鼓励上述企业加大自主创新力度，以高端发展为目标，培育其成长为全产业链型国际巨头，并进一步加强该方向的国内外优势企业的引进，激活产业集群的竞争，不断壮大产业规模，形成产业集群。

7.1.2　弥补产业链劣势

制造领域天津市无论是专利申请数量、创新主体数量，还是发明人数量与上海、北京相比均存在较大差距，缺乏本地优势企业和创新人才，但 2003 年中芯国际集成电路制造（天津）有限公司落户天津，在半导体及集成电路产业的制造领域中，该公司及其控股子公司是世界领先的集成电路晶圆代工企业之一。目前已在天津西青区建有 200mm 集成电路晶圆厂，虽暂未形成明显影响力，但加大支持力度，围绕该公司做好产业配套，加强本地企业培育与国内外企业引进，补齐产业链结构缺失环节，补齐制造环节短板，必将带动天津市及各区县智能传感器产业、集成电路产业的发展。

7.1.3　填补产业链空白

封装、测试领域，天津市创新主体的研发能力弱，暂无优秀的相关技术承担单位，是天津产业链明显薄弱环节。

封装领域应加强头部企业之间的合作，其中封测领域优势企业欣兴电子股份有限公司、日月光已在苏州、上海等地落地，封测优势企业华天科技（西安）有限公司落地南京，深南电路股份有限公司、深圳市兴森快捷电路科技股份有限公司落地无锡、珠海、南通等地，可作为优先引进对象，从而构建智能传感器产业链闭环。

7.1.4　需重点关注的专利

从智能传感器的全球专利申请情况来看，美国、日本等领先企业，均积极利用专利保护其研发成果，使进入智能传感器市场的天津市智能传感器企业在发展过程中遭遇专利壁垒。根据天津市专利储备情况和竞争态势，建议天津市进一步加强对专利信息服务的利用，建立专利分析、专利预警机制，关注三星、SK 海力士、博世等全球智能传感器知名企业的发展态势和竞争情况，识别相关专利风险，及时提出风险应对方案，并将相关专利信息在智能传感器产业联盟、东丽区知识产权运营服务线上平台共享，加强天津市智能传感器产业应对国外专利壁垒的能力。

智能传感器产业专利运营活跃，专利侵权诉讼和专利无效较为频繁。被发起无效的专利，一般表明该专利技术覆盖了一定的市场，限制了部分竞争对手使用该专利技术，为技术含量和市场价值较大的专利。因此，需对发生过专利侵权诉讼和专利无效的当前授权有效的专利进行筛选，确定需重点关注的专利97件（见表7－2）。从技术分布来看，需重点关注的专利主要集中在设计领域（57件），此外制造、封装、测试需重点关注的专利数量分别为8件、26件、6件。从国家/区域分布来看，美国需重点关注的专利51件，为主要专利侵权风险国家。

针对表7－2中的需重点关注的专利，天津市企业可从如下方面进行应对：①专利稳定性分析，对上述需重点关注的专利尤其是中国专利进行专利稳定性检索分析，收集无效证据，提前做好准备，日后发生诉讼时可作为谈判筹码或提起无效宣告程序。②针对性专利布局。对上述专利技术进行深入分析、挖掘，寻找可替代方案或优化方案，进行专利布局保护，在日后发生侵权纠纷时，可以提起专利交叉许可。

表7－2　需重点关注的专利列表

技术分类	公开号	标题	法律事件	专利权人	中国同族
设计	US9411472B2	Touch sensor with adaptive touch detection thresholding	诉讼、无效、质押	尼奥荣恩有限公司	CN202956741U
	US9167327B1	Microphone with rounded magnet motor assembly, backwave chamber, and phantom powered JFET circuit	诉讼	CLOUD MICROPHONES LLC	
	US9116030B2	Liquid level transducer with isolated sensors	诉讼	ROCHESTER GAUGES	CN104412078A
	US9086770B2	Touch sensor with high-density macro-feature design	诉讼、质押	尼奥荣恩有限公司	CN104111762B
	US20140218052A1	Touch screen sensor	无效	3M创新有限公司	CN102016766B、CN102016768B、CN102017071B、CN102334091B、CN104090673B、CN104636016B、CN107272978B

技术分类	公开号	标题	法律事件	专利权人	中国同族
设计	US8714007B2	Precipitation sensor	诉讼	AIRMAR TECHNOLOGY CORPORATION	
	US8698266B2	Image sensor with decreased optical interference between adjacent pixels	诉讼	智慧投资Ⅱ有限责任公司	CN100470820C
	US8625017B2	CMOS image sensor with shared sensing mode	诉讼	卡尔蔡司 SMT 有限责任公司、ASML 荷兰有限公司	
	US8567244B2	Liquid level transducer with isolated sensors	诉讼	ROCHESTER GAUGES, LLC	CN104412078A
	US8502547B2	Capacitive sensor	诉讼、无效、质押	尼奥荣恩有限公司	
	US8432173B2	Capacitive position sensor	诉讼、无效、质押	尼奥荣恩有限公司	
	US8347717B2	Extension-mode angular velocity sensor	诉讼	因文森斯公司	
	US8280072B2	Microphone array with rear venting	诉讼、质押	JAWBONE INNOVATIONS LLC	CN101779476B、CN102282865A、CN1443349A、CN1513278A、CN1589127A、CN1643571A、CN203086710U、CN203242334U、CN203351200U、CN203435060U、CN203811527U

技术分类	公开号	标题	法律事件	专利权人	中国同族
设计	US8149312B2	CMOS image sensor with shared sensing node	诉讼、质押	ASML 荷兰有限公司、卡尔蔡司 SMT 有限责任公司	
	US20110242051A1	Proximity Sensor	无效、质押	尼奥荣恩有限公司	
	US8004602B2	Image sensor structure and integrated lens module thereof	诉讼	KT IMAGING USA LLC	CN101582433A
	US7956326B1	Infrared imaging sensor	诉讼、质押	美卓自动化有限公司	
	US7899196B2	Digital microphone	诉讼	亚德诺	CN100521518C、CN100566140C、CN1868114A、CN1938941A
	US7730765B2	Oxygen depletion sensor	诉讼	PROCOM HEATING, INC.	CN202328495U
	US7434447B2	Oxygen depletion sensor	诉讼	PROCOM HEATING, INC.	CN202328495U
	US7310586B2	Metal detector with data transfer	诉讼	觅宝电子有限公司	
	US7223014B2	Remotely programmable integrated sensor transmitter	诉讼	INTEMPCO CONTROLS, LTD	
	US7098674B2	Occupant sensor	诉讼、质押	乔伊森安全系统收购有限责任公司	
	CN210400653U	一种电机温度传感器	无效	上海龙华汽车配件有限公司	

技术分类	公开号	标题	法律事件	专利权人	中国同族
设计	CN209821114U	气体传感器结构	无效	郑州美克盛世电子科技有限公司	
	TWI615041B	无线麦克风之讯号接收结构	无效	嘉友电子股份有限公司	
	CN206431093U	一种开放式扩散控制区生物传感器	无效	杭州微策生物技术股份有限公司	
	CN205787114U	一种超声波传感器	无效	广东奥迪威传感科技股份有限公司	
	CN205305058U	麦克风电路板和 MEMS 麦克风	无效	歌尔	
	CN205283815U	一种 MEMS 麦克风芯片及 MEMS 麦克风	无效、转让	歌尔	
	CN204887466U	MEMS 麦克风	无效	瑞声声学	
	CN102680009B	线性薄膜磁阻传感器	诉讼、转让	江苏多维科技	
	CN204480196U	一种导电膜和金属网格触摸传感器	无效	上海大我科技有限公司	
	CN102721427B	一种薄膜磁阻传感器元件及薄膜磁阻电桥	诉讼、转让	江苏多维科技	
	CN204316746U	一种 MEMS 传感器和 MEMS 麦克风	无效、转让	歌尔	
	CN103017974B	一种新型测量超高温介质压力的远传压力、差压变送器	诉讼、无效	上海洛丁森工业自动化设备有限公司	
	CN204115948U	压力传感器	无效、转让	歌尔	

技术分类	公开号	标题	法律事件	专利权人	中国同族
设计	CN204090150U	电容式微硅麦克风	无效	苏州敏芯微电子技术股份有限公司	
	CN204014057U	一种 MEMS 麦克风	无效	歌尔	
	CN203872328U	入耳式耳机麦克风组合	无效	宝德科技股份有限公司	
	US8698266B2	Image sensor with decreased optical interference between adjacent pixels	诉讼	INTELLECTUAL VENTURES II LLC	CN100470820C
	US8625017B2	CMOS image sensor with shared sensing mode	诉讼	CARL ZEISS AG、ASML NETHERLANDS B. V.	
	CN203132562U	线性薄膜磁阻传感器、线性薄膜磁阻传感器电路及闭环电流传感器与开环电流传感器	诉讼、转让	江苏多维科技	
	US8502547B2	Capacitive sensor	诉讼、无效、质押	NEODRÓN LIMITED	
	CN202994175U	一种薄膜磁阻传感器元件及薄膜磁阻电桥半桥和全桥	诉讼、转让	江苏多维科技有限公司	
	CN202994176U	具有聚磁层的线性薄膜磁阻传感器及线性薄膜磁阻传感器电路	诉讼、转让	江苏多维科技	
	CN202957979U	MEMS 麦克风	无效	歌尔	
	CN202956488U	具有摄像功能的激光雷达	诉讼、无效	北京怡孚和融科技有限公司	

技术分类	公开号	标题	法律事件	专利权人	中国同族
设计	CN202747994U	一种新型霍尔式角位移传感器	无效	浙江慧仁电子有限公司	
	CN202582777U	一种新型电饭煲温度传感器	无效	广东福尔电子有限公司	
	CN202374441U	硅微麦克风	无效、转让	歌尔	
	US8004602B2	Image sensor structure and integrated lens module thereof	诉讼	KT IMAGING USA, LLC	CN101582433A
	US7956326B1	Infrared imaging sensor	诉讼、质押	VALMET AUTOMATION OY	
	US7899196B2	Digital microphone	诉讼	ANALOG DEVICES, INC.	CN100521518C、CN100566140C
	US7730765B2	Oxygen depletion sensor	诉讼	PROCOM HEATING, INC.	CN202328495U
	US7316766B2	Electrochemical biosensor strip	诉讼、复审	TAIDOC TECHNOLOGY CORPORATION	
制造	CN103247741B	一种LED倒装芯片及其制造方法	无效、许可	大连德豪光电科技有限公司	
	US9142400B1	Method of making a heteroepitaxial layer on a seed area	诉讼、无效、许可	STC.UNM公司	
	CN101195190B	激光加工方法和装置,以及半导体芯片及其制造方法	部分无效	浜松光子学株式会社	
	CN100514611C	包括半导体芯片的电子封装及其制造方法	无效	江苏思特威电子科技有限公司	

技术分类	公开号	标题	法律事件	专利权人	中国同族
制造	CN100372113C	一种具有空气间隔的集成电路结构及其制作方法	口头审理	联华电子	
	US7247552B2	Integrated circuit having structural support for a flip-chip interconnect pad and method therefor	诉讼、无效、质押	VLSI TECH LLC	
	CN1314086C	具有抗静摩擦特性的芯片、微机电装置及其制造方法	口头审理	亚德诺	
	US6846690B2	Integrated circuit comprising an auxiliary component, for example a passive component or a microelectromechanical system, placed above an electronic chip, and the corresponding fabrication process	诉讼、复审	意法半导体	
封装	CN106477512B	压力传感器及其封装方法	无效	苏州敏芯微电子技术股份有限公司	
	US9991142B2	Apparatus and method for decapsulating packaged integrated circuits	诉讼	RKD ENGINEERING CORPORATION	
	CN207038516U	硅通孔芯片的二次封装体	无效	深圳市汇顶科技股份有限公司	
	CN205984949U	一种低剖面多芯片封装结构	部分无效、无效	苏州迈瑞微电子有限公司	
	CN205177822U	传感器封装结构	部分无效、无效	苏州迈瑞微电子有限公司	

技术分类	公开号	标题	法律事件	专利权人	中国同族
封装	US9059184B2	Apparatus and method for decapsulating packaged integrated circuits	诉讼	RKD ENGINEERING CORPORATION	
	TWI469283B	封装结构及封装制程	信托、无效、质押、许可、异议	日月光	
	CN102496606B	一种高可靠圆片级柱状凸点封装结构	无效	南通富士通微电子	
	CN102496605B	一种圆片级封装结构	无效	南通富士通微电子	
	TWI418811B	封装晶片检测与分类装置	无效	久元电子股份有限公司	
	CN101282594B	具有双面贴装电极的微机电传声器的封装结构	无效	苏州敏芯微电子技术股份有限公司	
	US8120170B2	Integrated package circuit with stiffener	诉讼	OCEAN SEMICON LLC	CN102177580A
	US8093103B2	Multiple chip module and package stacking method for storage devices	诉讼、无效	BITMICRO LLC	CN101375391B
	US8049340B2	Device for avoiding parasitic capacitance in an integrated circuit package	诉讼、无效、质押	贝尔半导体有限责任公司	
	US7944048B2	Chip scale package for power devices and method for making the same	诉讼	茂力科技股份有限公司	CN101202266B
	US7826243B2	Multiple chip module and package stacking for storage devices	诉讼、无效	BITMICRO LLC	CN101375391B

续表

技术分类	公开号	标题	法律事件	专利权人	中国同族
封装	US7671474B2	Integrated circuit package device with improved bond pad connections, a lead-frame and an electronic device	无效、质押	英闻萨斯有限公司	CN101142675B
	US7256486B2	Packaging device for semiconductor die, semiconductor device incorporating same and method of making same	诉讼、无效	DOCUMENT SECURITY SYST	
	TW200644261A	晶片封装结构及其制程	诉讼	米辑电子股份有限公司	
	US6972480B2	Methods and apparatus for packaging integrated circuit devices	诉讼、无效、质押	英闻萨斯有限公司、特塞拉科技匈牙利公司	CN100527390C
	US6963129B1	Multi-chip package having a contiguous heat spreader assembly	诉讼、质押	BELL NORTHERN RES LLC	
	US6856007B2	High-frequency chip packages	诉讼、无效、质押、许可	泰斯拉公司	CN1435762A
	US6747350B1	Flip chip package structure	诉讼、复审	TAICHI HOLDINGS, LLC	
	TW533559B	晶片封装结构及其制程	诉讼、无效	高通	
	TW531854B	晶圆型态扩散型封装之制程	诉讼	群成科技股份有限公司	
	TW503496B	晶片封装结构及其制程	诉讼、无效	高通	

续表

技术分类	公开号	标题	法律事件	专利权人	中国同族
测试	CN102289153B	一种制版光刻设备静态稳定性测量方法	诉讼、保全	中夏芯基上海科技有限公司	
	US7562276B1	Apparatus and method for testing and debugging an integrated circuit	诉讼	MARVELL ASIA PTE, LTD.	
	US7496818B1	Apparatus and method for testing and debugging an integrated circuit	诉讼	MARVELL ASIA PTE, LTD.	
	US7221173B2	Method and structures for testing a semiconductor wafer prior to performing a flip chip bumping process	诉讼、质押	贝尔半导体有限责任公司	
	TWI281034B	系统级测试方法	无效	致茂电子股份有限公司	
	US7216276B1	Apparatus and method for testing and debugging an integrated circuit	诉讼	MARVELL ASIA PTE, LTD.	

7.2 企业培育及引进路径

7.2.1 天津市内企业培育与整合路径

龙头企业会对同行业的其他企业具有很深的影响力、号召力和一定的示范、引导作用，并对所属地区、所属行业或者国家做出突出贡献。天津智能传感器产业发展同样需要培育出龙头企业。对于要重点培育的企业，应当给予基地建设、原材料采购、设备引进等方面的重点扶持。天津市在智能传感器领域拥有一批具有核心技术的优势企业，如图 7-1 所示。

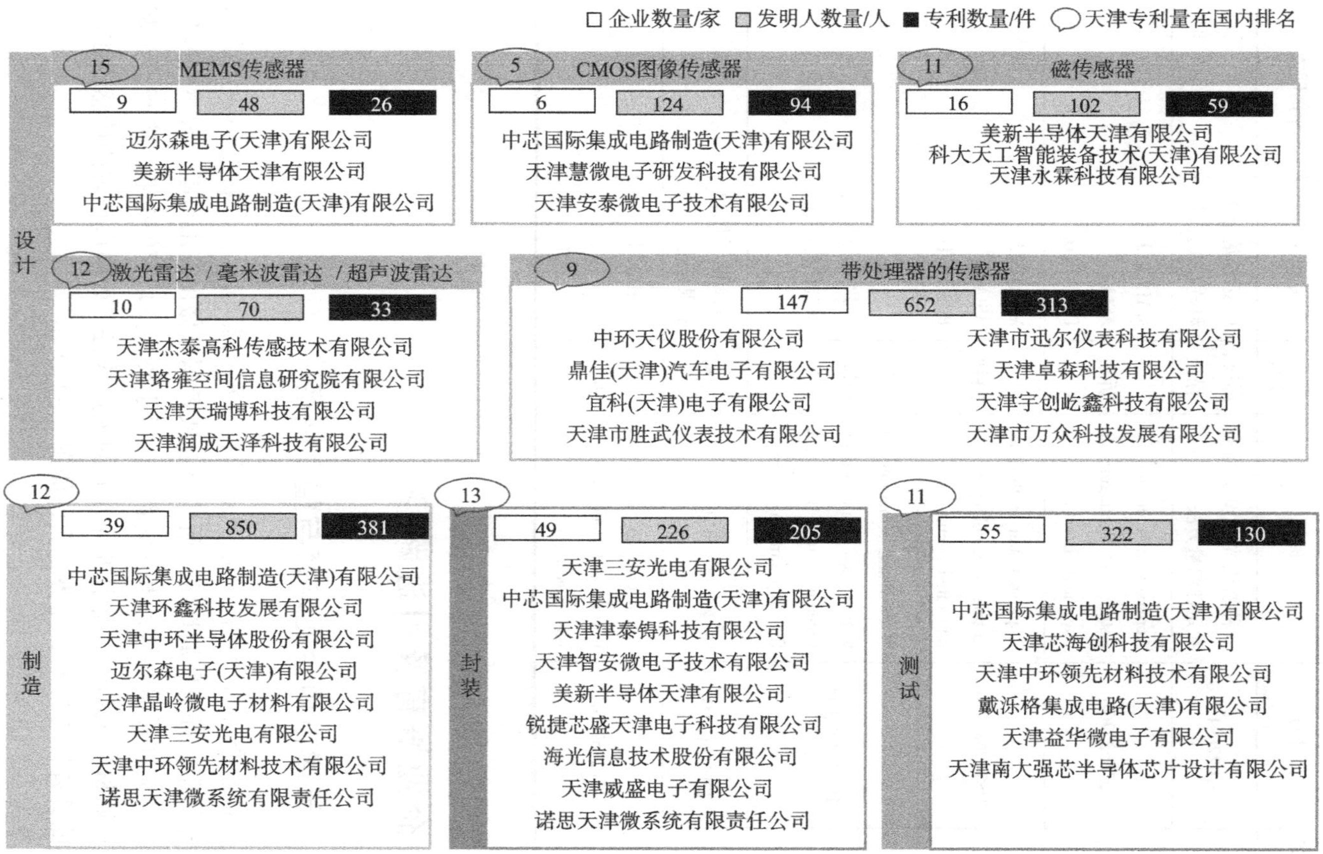

□ 企业数量/家　□ 发明人数量/人　■ 专利数量/件　○ 天津专利量在国内排名

磁传感器 （11）　16 | 102 | 59
美新半导体天津有限公司
科大天工智能装备技术天津有限公司
天津永磁科技有限公司

CMOS图像传感器 （5）　6 | 124 | 94
中芯国际集成电路制造(天津)有限公司
天津慧聚电子研发制造科技有限公司
天津安泰微电子技术有限公司

带处理器的传感器 （9）　652 | 147 | 313
中环天仪股份有限公司
鼎佳(天津)汽车电子有限公司
宜科(天津)电子有限公司
天津市胜武仪表技术有限公司
天津市迅尔仪表科技有限公司
天津卓森科技有限公司
天津宇创鑫科技有限公司
天津市万众科技发展有限公司

测试 （11）　55 | 322 | 130
中芯国际集成电路制造(天津)有限公司
天津中环芯海创先材料科技有限公司
天津中环先进电路科技术有限公司
戴沃格集成电路(天津)有限公司
天津益华微电子有限公司
天津南大强芯半导体芯片设计有限公司

设计

MEMS传感器 （15）　9 | 48 | 26
迈尔森电子(天津)有限公司
美新半导体天津有限公司
中芯国际集成电路制造(天津)有限公司

激光雷达/毫米波雷达/超声波雷达 （12）　10 | 70 | 33
天津杰泰高科传感技术有限公司
天津路雅空间信息研究院有限公司
天津天瑞博科技有限公司
天津润成天泽科技有限公司

封装 （13）　49 | 226 | 205
天津三安光电有限公司
中芯国际集成电路制造(天津)有限公司
天津捷雍锝科技有限公司
天津省安微电子技术(天津)有限公司
美新半导体盛天津电子科技有限公司
锐捷信息技术水股份有限公司
海光信息技术有限公司
天津威盛电子有限公司
诺思天津微系统有限责任公司

制造 （12）　39 | 850 | 381
中芯国际集成电路制造(天津)有限公司
天津环鑫科技发展有限公司
天津中环半导体股份有限公司
迈尔森电子(天津)有限公司
天津晶岭微电子材料有限公司
天津三安光电有限公司
天津中环先材料科技有限公司
诺思天津微系统有限责任公司

图7-1　天津市智能传感器产业企业图谱

　　（1）设计领域：①MEMS 技术领域：a. 迈尔森电子（天津）有限公司（相关专利申请 34 件）于 2010 年成立，在 MEMS 压力传感器、MEMS 麦克风领域具有一定的技术积累，位于华苑产业区。b. 美新半导体天津有限公司（相关专利申请 4 件），均是 MEMS 惯性传感器（陀螺）方面的。美新半导体是全球领先的惯性 MEMS 传感器及解决方案提供商，无锡美新半导体是国内最大的 MEMS 惯性传感器公司，是少有的掌握核心技术且能够直接和国际巨头竞争的本土公司。c. 中芯国际集成电路制造（天津）有限公司于 2003 年成立，MEMS 麦克风相关专利 3 件。②CMOS 传感器领域：a. 天津慧微电子研发科技有限公司（相关专利申请 2 件），成立于 2011 年，注册资金 500 万元，主要从事视频监控图像传感器芯片、高灵敏度汽车主动安全系统芯片、内置智能分析 SOC 图像传感器芯片的研发和产业化。其投资方昆山锐芯微电子公司是研发具有世界先进水平的图像传感器芯片的高科技企业，已成功研发出 9 款 CMOS 图像传感器芯片，包括全球首创的高速红外三维图像传感器芯片、国内第一款 5 管像素高速并行的图像传感器芯片、第一款采用 130 纳米和 110 纳米制程设计的图像传感器芯片。b. 天津安泰微电子技术有限公司 4 件相关专利均是关于修正的 CMOS 图像传感器的电路。③磁传感器：美新半导体天津有限公司（相关专利申请 2 件）。④雷达领域：天津杰泰高科传感技术有限公司（相关专利申请 3 件），位于天津西青区高新技术产业园区，其前身为天津市杰泰克自动化技术有限公司，从应用于自动门业的安全光电传感器的研发、制造和经营开始，逐渐发展为拥有包括电感式接近开关、光电传感器、测量和安全光幕、激光测距传感器、激光雷达等核心技术和产品，服务于包括智能楼宇、智能交通、物流自动化、工厂自动化、机器人等领域并能为客户提供定制解决方案的专业的智能传感器研发制造企业。于 2016 年年底推出首台长距离、高精度、快速扫描的 LSD101 系列激光雷达。目前可以广泛应用于机器人的自主导航定位与避障、汽车辅助驾驶及无人驾驶、工业自动化、安防等领域的全系列的激光雷达产品将陆续上市。⑤带处理器的传感器领域：a. 中环天仪股份有限公司，原天津天仪集团仪表有限公司，2009 年 1 月 1 日正式更名，位于天津华苑产业区，是国内较大的综合性仪器仪表研发制造基地之一，产品门类齐全，包括温度仪表、压力仪表、流量仪表、物位仪表。b. 鼎佳（天津）汽车电子有限公司成立于 2008 年，是国内最先进的 ESC/ABS 系统制造及 ADAS 系统开发企业。c. 宜科（天津）电子有限公司成立于 2003 年，位于西青区，专注于传感器、过程传感器、编码器、直线位移等系列工业自动化控制产品的研发、制造和销售。

（2）制造领域：①中芯国际集成电路制造（天津）有限公司（相关专利申请56件），在半导体及集成电路产业的制造领域中，中芯国际集成电路制造有限公司及其控股子公司是世界领先的集成电路晶圆代工企业之一。它提供0.35微米到14纳米不同技术节点的晶圆代工与技术服务，在天津建有一座200mm晶圆厂。②迈尔森电子（天津）有限公司（相关专利申请32件）在MEMS设计和制造方面均有一定的技术积累。③天津环鑫科技发展有限公司（相关专利申请22件）成立于2008年，前身为天津中环半导体股份有限公司器件分公司，2021年6月，TCL科技关联公司TCL微芯科技（广东）有限公司投资环鑫科技注册资本由4.64亿元人民币增加至10.31亿元人民币。主要经营外延片、晶片、化工原料、封装代工。天津中环半导体股份有限公司（相关专利申请16件）是深圳证券交易所上市公司，主营业务包括高压器件、功率集成电路与器件、单晶硅和抛光片四大方面，功率器件事业部6英寸0.35微米功率半导体器件生产线是"天津市二十大重点工业项目"之一，是一条以半导体芯片制造、测试为目的的生产线，该生产线拥有国内先进的6英寸线生产设备，主要产品为功率集成电路以及VDMOS、Trench MOS、Schottky、FRD、IGBT等系列功率分立器件。

（3）封装领域：天津相关企业集中在LED封装技术，其中天津三安光电有限公司具有一定优势，专利技术集中在发光二极管封装方面。

（4）测试领域：①天津芯海创科技有限公司是天津市滨海新区信息技术创新中心注册成立的全资国有企业，在"软件定义互连（SDI）、网络空间拟态防御（CMD）、类脑计算（MNP）"三大战略方向上可提供包括IP核、芯片、板卡、设备、解决方案、技术服务等在内的多种产品及服务。②天津中环领先材料技术有限公司的专利技术主要为关于晶圆片、硅片的检测方法。

综上，从整体来看天津市重点企业在各细分领域的专利布局数量均较少，且重点布局集中在设计领域，产业链不完整，不能均衡发展，受制于人。缺乏综合技术实力强、多领域发展的大型智能传感器相关企业。

因此，鉴于目前天津市智能传感器产业的企业技术创新能力不够突出，产业布局并不广泛，培育企业变大变强、提升企业竞争成为首要任务。建议鼓励第一梯队的中芯国际集成电路制造（天津）有限公司、迈尔森电子（天津）有限公司、美新半导体天津有限公司针对重点产品、技术开展高价值专利培育、微观专利导航专项项目，培育一批高质量专利，对上述企业给予资金和政策的支持，鼓励它们加大自主创新力度，发挥企业技术、人才等创新资源的带动与溢出效应，以高端发展为目标，成长为全产业链型国际巨头。

对于位于第二梯队的天津安泰微电子技术有限公司、天津杰泰高科传感技术有限公司、中环天仪股份有限公司、鼎佳（天津）汽车电子有限公司、宜科（天津）电子有限公司、天津环鑫科技发展有限公司、天津中环半导体股份有限公司、天津津泰锝科技有限公司、天津智安微电子技术有限公司，可从政策、税收、知识产权等方面予以支持，加快它们的成长速度，建议每一个企业集中优势资源，选择一到两个技术点进行研发，在各自的领域实现突破，引导上述企业与知识产权服务机构开展专利挖掘、布局工作，在提高专利数量的同时要注重专利质量。加强上述企业知识产权管理体系建设，提高知识产权管理和运行效率。

7.2.2　国内外优势企业引进路径

目前天津已经引入中芯国际、美新半导体等优势企业，引进了科大天工智能装备研究院人才。但目前落地企业的专利申请数量还未形成明显优势。

天津市除立足本地培育企业之外，也可瞄准国内外知名企业，引入传感器产业国内外实力较强的企业，激活产业集群的竞争，不断壮大产业规模。天津市"十四五"规划指出，坚持把推动京津冀协同发展作为重大政治任务和重大历史机遇，主动服务北京非首都功能疏解。北京在智能传感器产业链拥有一批掌握核心技术的创新主体（见表7-3），建议天津市招商时优先考虑，在京津冀协同发展中抢占先机。

表7-3　北京重点引进企业名单

技术分类	企业名称	核心团队成员
MEMS 陀螺仪	水木智芯科技（北京）有限公司	王琳、孙博华、孙明、邵长治
MEMS 加速度计	北京时代民芯科技有限公司	张富强
MEMS 电场传感器	北京中科飞龙传感技术有限责任公司	杨鹏飞、闻小龙
CMOS 传感器	北京思比科微电子	旷章曲、郭同辉、刘志碧、陈杰、唐冕
磁传感器	北京嘉岳同乐极电子有限公司	曲炳郡、时启猛
磁传感器-霍尔	北京森社电了有限公司	王文生
磁传感器-TMR	北京麦格智能科技有限公司	时启猛
带处理器的传感器	北京必创科技股份有限公司	陈得民、张俊辉
激光雷达	北京万集科技	屈志巍、王庆飞、张正正
激光雷达	北醒（北京）光子科技	疏达
激光雷达	北京大汉正源科技有限公司	刘定
激光雷达	北京怡孚和融科技有限公司	郭京伟

技术分类	企业名称	核心团队成员
激光雷达	森思泰克河北科技有限公司	林建东、秦屹、任玉松
激光雷达	北京因泰立科技有限公司	王剑波、王春生、高东峰、王鹏
激光雷达	北京瑞特森传感科技有限公司	周晓庆、贾相飞
毫米波雷达	北京行易道科技有限公司	于彬彬、戴春杨
制造	北京北方华创	尹海洲、朱慧珑、骆志炯
封装	易美芯光（北京）科技有限公司	武伟、刘国旭、秦飞
封装	臻鼎科技股份有限公司	
封装	同辉电子科技股份有限公司	
封装	北京时代民芯科技有限公司	
封装	北京微电子技术研究所	
测试	北京时代民芯科技有限公司	陈雷、赵元富
测试	北京微电子技术研究所	陈雷、赵元富
测试	北京中电华大电子设计有限责任公司	
测试	北京中星微电子有限公司	游明琦

表 7-4 为智能传感器产业重点引进企业名单，建议优先与 MEMS 传感器设计及制造、CMOS 传感器设计及制造、磁传感器设计及制造的龙头企业进行技术引进与合作，强化产业链优势，完善天津市智能传感器产业链。

表 7-4　智能传感器产业重点引进企业名单

一级技术	二级技术	三级技术	企业名称	相关专利量/件
设计	MEMS 传感器	压力传感器	博世	248
			霍尼韦尔	64
			英飞凌	42
			大陆汽车系统公司	42
			意法半导体	34
			村田制作所	28
			歌尔	25
			恩德莱斯和豪瑟尔两合公司	24
			台积电	23
			迈尔森电子（天津）有限公司	13

一级技术	二级技术	三级技术	企业名称	相关专利量/件
设计	MEMS 传感器	麦克风	歌尔	256
			博世	181
			楼氏	177
			瑞声声学	143
			宝星电子股份有限公司	99
			因文森斯公司	98
			TDK	87
			共达电声	63
			英飞凌	58
		惯性传感器	霍尼韦尔	194
			村田制作所	146
			意法半导体	133
			亚德诺	108
			博世	106
			因文森斯公司	60
			查尔斯斯塔克布料实验室公司	59
			快捷半导体公司	38
	CMOS 图像传感器		索尼	4244
			三星电子	2935
			东部高科	1650
			富士胶片	1538
			豪威科技	1256
			佳能	1168
			东芝	983
			东部电子	939
			台积电	922
			美格纳半导体	669
			SK 海力士	631
			格科微电子	189
			上海集成电路研发中心	159

一级技术	二级技术	三级技术	企业名称	相关专利量/件
设计	磁传感器	AMR	IBM	98
			霍尼韦尔	88
			西部数据技术公司	70
			TDK	65
			英飞凌	61
			希捷科技有限公司	55
			村田制作所	48
			博世	46
			江苏多维科技	45
			三菱电机	45
		GMR	雅马哈株式会社	137
			日立环球储存科技	100
			西部数据技术公司	98
			飞利浦	91
			IBM	87
			希捷科技有限公司	78
			阿尔卑斯电气	65
			海德威科技公司	57
			博世	54
			TDK	53
		TMR	IBM	105
			西部数据技术公司	79
			江苏多维科技	66
			海德威科技公司	51
			赫尔实验室有限公司	44
			艾沃思宾技术公司	36
			英飞凌	27
			TDK	26
			希捷科技有限公司	24
			西门子	21

续表

一级技术	二级技术	三级技术	企业名称	相关专利量/件
设计	磁传感器	GMI	村田制作所	91
			飞利浦	82
			英飞凌	32
			秦内蒂克有限公司	25
			波士顿科学国际有限公司	22
			阿尔卑斯电气	15
			爱知制钢株式会社	14
			霍尼韦尔	13
			TDK	13
	激光/毫米波/超声波雷达	激光雷达	博世	445
			深圳市速腾聚创	269
			伟摩有限责任公司	153
			通用汽车	128
			上海禾赛光电	183
			路明亮科技有限公司	79
			VELODYNE LIDAR	77
			深圳市镭神智能系统	85
			威力登激光雷达有限公司	71
		毫米波雷达	日立	79
			英飞凌	38
			霍尼韦尔	31
			大连楼兰科技股份有限公司	30
			富士通	25
			日立化成	23
			TRW INC.	11
		超声波雷达	厦门澳仕达电子有限公司	20
			广东铁将军防盗设备有限公司	15
			珠海上富电技股份有限公司	12
			同致电子科技（厦门）有限公司	11
			博世	11
			深圳市豪恩汽车电子装备股份有限公司	7
			福特全球技术公司	7
			法雷奥开关和传感器有限责任公司	5

续表

一级技术	二级技术	三级技术	企业名称	相关专利量/件
设计	带处理器的传感器	压力传感器	霍尼韦尔	88
			罗斯蒙德	37
			电装	35
			大陆汽车系统公司	30
			博世	29
			松下	25
			三菱电机	19
			KULITE SEMICON PRODS	18
			英飞凌	17
		惯性传感器	松下	74
			利顿系统公司	20
			NORTHROP GRUMMAN GUIDANCE AND ELEC-TRONICS COMPANY, INC.	15
			德州仪器	15
			村田制作所	14
			汽车系统实验室公司	13
			大西洋惯性系统有限公司	12
			本田技研工业	10
			快捷半导体公司	10
		麦克风	歌尔	67
			瑞声声学	43
			楼氏	40
			宝星电子股份有限公司	39
			共达电声	34
			TDK	34
			安华高科技股份有限公司	20
			JAWBONE INNOVATIONS LLC	19
			松下	19

续表

一级技术	二级技术	三级技术	企业名称	相关专利量/件
设计	带处理器的传感器	温度	罗斯蒙德	48
			密克罗奇普技术公司	31
			博世	24
			山武	20
			国家电网公司	17
			高通	17
			松下	16
			桑迪士克科技有限责任公司	13
			弗吉尼亚科技知识产权公司	13
			塞拉麦斯皮德有限公司	12
		流量	霍尼韦尔	37
			三菱电机	18
			盛思锐控股股份公司	14
			罗斯蒙德	11
			约翰弗兰克制造公司	11
			锡德拉企业服务公司	10
			日立汽车系统株式会社	9
			伊玛精密电子（苏州）有限公司	8
			惠普研发公司	8
			费雪派克医疗保健有限公司	8
制造	MEMS制造工艺		博世	1345
			三星电子	342
			台积电	322
			英飞凌	320
			意法半导体	314
			精工爱普生	285
			弗劳恩霍夫应用研究促进协会	236
			IBM	231
			原子能和替代能源委员会	227
			中芯国际集成电路制造（上海）有限公司	214

一级技术	二级技术	三级技术	企业名称	相关专利量/件
制造	CMOS制造工艺		东部电子	666
			东部高科	390
			科洛司科技	256
			三星电子	227
			美格纳半导体	207
			索尼	201
			东部亚南半导体株式会社	103
			台积电	92
			智慧投资Ⅱ有限责任公司	87
	芯片集成电路制造工艺		SK海力士	17 875
			台积电	17 055
			联华电子	11 472
			三星电子	10 419
			株式会社半导体能源研究所	6841
			中芯国际集成电路制造（上海）有限公司	6385
			IBM	5163
			东芝	4840
			格罗方德	4788
			日立	4758
封装	MEMS封装		博世	91
			三星电子	82
			宝星电子股份有限公司	65
			德州仪器	62
			歌尔	59
			霍尼韦尔	53
			因文森斯公司	53
			楼氏	49
			意法半导体	41
			日月光	40

一级技术	二级技术	三级技术	企业名称	相关专利量/件
封装	CMOS传感器封装		欧普提兹股份有限公司	17
			育霈科技股份有限公司	14
			三星电子	8
			豪威科技	7
			格科微电子	7
			采钰科技股份有限公司	7
			成都先锋材料有限公司	6
			日月光	6
	芯片集成电路封装		三星电子	11 010
			台积电	3909
			SK 海力士	3507
			日月光	3446
			英特尔	2864
			LG	2806
			矽品精密	2238
			京瓷	2070
			日立化成	1709
			美光科技	1622
测试	传感器测试		博世	152
			西门子	51
			大陆汽车有限公司	40
			莱特普菌特公司	39
			本田技研工业	35
			现代自动车株式会社	33
			福特全球技术公司	33
	芯片集成电路测试		三星电子	713
			IBM	399
			富士通	389
			中芯国际集成电路制造（上海）有限公司	358
			日本电气	342
			SK 海力士	333
			三菱电机	329
			东芝	307
			松下	306
			英飞凌	282

7.3 创新人才培养及引进路径

7.3.1 创新人才培养路径

优先支持符合本地产业发展目标的创新人才,鼓励创新人才向关键产业环节集聚;支持具有创新实力、拥有核心专利技术的创新人才。

由6.3节分析可知,从天津市创新性人才角度来看,本地的一些高校、科研院所、企业,各领域已经出现一批具备一定创新实力的技术创新人才(见表7-5),如天津大学徐江涛、高静、史再峰、姚素英、高志远、刘铁根、王双、江俊峰、刘琨,南开大学张伟刚、董孝义、刘波,天津理工大学薛玉明等。因此,天津市应以天津大学、南开大学等高校和科研机构为基础,加强智能传感器产业人才的培养。鼓励重点企业与高校科研院所共建综合培训实践基地,通过定制课程、定向培养等方式,培养实践型工程硕士、博士工程师,按基地建设和人才实训实际支出情况给予基地相应补贴。重视企业家队伍建设,通过多种途径使企业家培训经常化、制度化。对于智能传感器产业方面的领军人才,由政府和企业给予优厚的生活待遇,创造良好的工作条件。建立良好的用人机制和环境,完善柔性人才流动机制,促进人才流动的良性循环,做到不求所有、但求所用,不求所在、但求所为,为智能传感器产业发展提供强有力的人才支撑。

表7-5 天津市高校科研人才

技术分类	发明人	申请量/件	发明人团队	所属单位	主要研发方向	合作企业
设计	徐江涛	30	高静、史再峰、姚素英、高志远	天津大学	CMOS 传感器	
	刘铁根	18	王双、江俊峰、刘琨	天津大学	带处理器的传感器	
	张伟刚	13	董孝义、刘波	南开大学	温度传感器、压力传感器	

续表

技术分类	发明人	申请量/件	发明人团队	所属单位	主要研发方向	合作企业
制造	李玲霞	19	金雨馨	天津大学	芯片集成电路制造工艺	
	胡明	11	梁继然、陈涛	天津大学	MEMS制造工艺、芯片集成电路制造工艺	
	薛玉明	10		天津理工大学	芯片集成电路制造工艺	
封装	张孟伦	9	杨清瑞	天津大学	MEMS传感器封装、芯片集成电路封装	诺思（天津）微系统有限公司
测试	赵毅强	16	刘阿强、何家骥、李跃辉	天津大学	传感器测试、集成电路测试	

7.3.2　创新人才引进/合作路径

1. 引进产业薄弱或缺失环节的创新人才或者与其合作

天津市虽然在各个领域有一批具备一定创新实力的技术创新人才，但也存在一些薄弱环节，如在磁传感器设计、激光雷达/毫米波雷达/超声波雷达设计、智能传感器设计，制造，封装，测试领域缺乏创新人才。北京为科研院校集中地区，尤其是中国科学院微电子研究所，在我国微电子领域拥有广泛的影响，与中芯国际、华进半导体、北方华创等企业结为战略合作伙伴，在北京、江苏、湖北、四川、广东、湖南等地开展科技成果转移转化，建议天津市优先引进北京高校优秀人才（见表7-6），尤其是微电子研究所的创新人才。

表7-6 北京科研人才引进或合作列表

序号	发明人	所属单位	擅长领域
设计	刘云峰	清华大学	MEMS 惯性传感器
	张大成	北京大学	MEMS 压力传感器
	乔东海	清华大学	MEMS 压力传感、麦克风
	张大成	北京大学	MEMS 压力传感、麦克风
	张威	北京大学	MEMS 传感器
	李婷	北京大学	MEMS 传感器
	杨拥军	中电第十三研究所	MEMS 传感器
	冷群文	北京航空航天大学青岛研究院	MEMS 麦克风
	徐江涛	天津大学	前照式（FSI）CMOS 传感器
	史再峰	天津大学	前照式（FSI）CMOS 传感器
	姚素英	天津大学	前照式（FSI）CMOS 传感器
	高志远	天津大学	前照式（FSI）CMOS 传感器
	吴南健	中国科学院半导体研究所	CMOS 制造工艺、前照式 CMOS 传感器
	刘力源	中国科学院半导体研究所	CMOS 传感器
	李德才	北京交通大学	磁传感器
	牛智川	中国科学院半导体研究所	TMR 传感器
	倪海桥	中国科学院半导体研究所	TMR 传感器
	安建平	北京理工大学	毫米波雷达
	李道亮	中国农业大学	带处理器的传感器
	任天令	清华大学	带处理器的传感器
制造	朱慧珑	中国科学院微电子研究所	芯片集成电路制造工艺
	尹海洲	中国科学院微电子研究所	芯片集成电路制造工艺
	赵超	中国科学院微电子研究所	芯片集成电路制造工艺
	钟汇才	中国科学院微电子研究所	芯片集成电路制造工艺
	骆志炯	中国科学院微电子研究所	芯片集成电路制造工艺
	李俊峰	中国科学院微电子研究所	芯片集成电路制造工艺
	徐秋霞	中国科学院微电子研究所	芯片集成电路制造工艺
	王文武	中国科学院微电子研究所	芯片集成电路制造工艺
	罗军	中国科学院微电子研究所	集成电路工艺
	闫江	中国科学院微电子研究所	22 纳米关键工艺
	杨富华	中国科学院半导体研究所	芯片集成电路测试

续表

序号	发明人	所属单位	擅长领域
制造	黄如	北京大学	芯片集成电路测试
	张兴	北京大学	CMOS 集成电路设计及加工
	郝一龙	北京大学	MEMS 设计加工技术
	王阳元	北京大学	芯片集成电路测试
	范守善	清华大学	芯片集成电路测试
	赵元富	中国航天科技集团有限公司第九研究院	芯片集成电路测试
测试	曹立强	中国科学院微电子研究所	芯片集成电路测试
	王启东	中国科学院微电子研究所	芯片集成电路测试
	李晋闽	中国科学院半导体研究所	芯片集成电路测试
	蔡坚	清华大学	芯片集成电路封装
	王谦	清华大学	MEMS 封装与测试技术
	向东	清华大学	芯片集成电路测试

表 7 - 7 和表 7 - 8 列出了在上述领域专利申请量比较多的主要发明人，天津市企业可以通过与以下团队合作，或者通过人才引进，提升薄弱环节的研发水平。

表 7 - 7　国内科研人才引进或合作列表

序号	发明人	所属单位	专利申请量/件	擅长领域
1	王跃林	中国科学院上海微系统与信息技术研究所	114	MEMS 传感器、磁 AMR 传感器设计
2	廖小平	东南大学	126	MEMS 设计、制造工艺
3	张卫平	上海交通大学	67	MEMS 设计、制造、封装
4	李昕欣	中国科学院上海微系统与信息技术研究所	66	MEMS 传感器设计、制造
5	熊斌	中国科学院上海微系统与信息技术研究所	65	MEMS 制造工艺
6	黄庆安	东南大学	51	MEMS 传感器设计、制造、封装
7	陈文元	上海交通大学	50	MEMS 加速度计
8	崔峰	上海交通大学	24	MEMS 惯性传感器设计
9	赵玉龙	西安交通大学	16	MEMS 设计

续表

序号	发明人	所属单位	专利申请量/件	擅长领域
10	张文栋	中北大学	12	MEMS 传感器
11	蒋庄德	西安交通大学	10	MEMS 传感器
12	苑伟政	西北工业大学	9	压力传感器
13	赵立波	西安交通大学	8	MEMS 设计
14	冷群文	北京航空航天大学青岛研究院	3	麦克风
15	汪辉	中国科学院上海高等研究院	36	前照式（FSI）CMOS 传感器
16	田犁	中国科学院上海高等研究院	34	前照式（FSI）CMOS 传感器
17	余宁梅	西安理工大学	6	背照式（BSI）CMOS 传感器
18	孙清清	复旦大学	6	CMOS 传感器设计、制造
19	张卫	复旦大学	6	背照式 CMOS 传感器
20	陈琳	复旦大学	6	堆栈式 CMOS 传感器
21	李德才	北京交通大学	31	磁传感器
22	温殿忠	黑龙江大学	19	磁传感器
23	卞雷祥	南京理工大学	14	磁传感器
24	韩秀峰	中国科学院物理研究所	13	磁电阻磁敏传感器
25	刘明	西安交通大学	7	AMR 传感器
26	胡忠强	西安交通大学	7	AMR 传感器
27	张怀武	电子科技大学	5	AMR 传感器
28	钟智勇	电子科技大学	5	AMR 传感器
29	唐晓莉	电子科技大学	4	AMR 传感器
30	张斌珍	中北大学	8	TMR 传感器
31	薛晨阳	中北大学	8	TMR 传感器
32	李志锋	中国科学院上海技术物理研究所	7	TMR 传感器
33	雷冲	上海交通大学	7	GMI 传感器
34	文玉梅	上海交通大学	6	GMI 传感器
35	程学武	中国科学院武汉物理与数学研究所	25	激光雷达

续表

序号	发明人	所属单位	专利申请量/件	擅长领域
36	龚顺生	中国科学院武汉物理与数学研究所	25	激光雷达
37	孙建锋	中国科学院上海光学精密机械研究所	24	激光雷达
38	李发泉	中国科学院武汉物理与数学研究所	21	激光雷达
39	窦贤康	中国科学技术大学	17	激光雷达
40	吴礼	南京理工大学	6	毫米波雷达
41	孙晓玮	中国科学院上海微系统与信息技术研究所	6	毫米波雷达
42	文进才	杭州电子科技大学	6	毫米波雷达
43	杜劲松	中国科学院沈阳自动化研究所	6	毫米波雷达
44	白剑	浙江大学	12	位移传感器
45	吴兴坤	浙江大学	5	惯性传感器、光纤传感器
46	郝跃	西安电子科技大学	305	芯片集成电路制造工艺
47	宋建军	西安电子科技大学	194	芯片集成电路制造工艺
48	徐秋霞	中芯国际集成电路制造（上海）有限公司、中国科学院微电子研究所	129	芯片集成电路制造工艺
49	张鹤鸣	西安电子科技大学	104	芯片集成电路制造工艺
50	胡辉勇	西安电子科技大学	106	芯片集成电路制造工艺
51	熊继军	中北大学	6	MEMS 封装
52	朱文辉	中南大学	48	芯片集成电路封装
53	彭喜元	哈尔滨工业大学	21	芯片集成电路测试

表7-8　国内企业高层次人才引进或合作列表

技术	发明人	所属单位	相关专利申请量/件	擅长领域
设计	宋青林	歌尔	77	MEMS 麦克风
	蔡孟锦	歌尔	65	MEMS 麦克风
	庞胜利	歌尔	55	MEMS 麦克风

技术	发明人	所属单位	相关专利申请量/件	擅长领域
设计	叶菁华	钰太芯微电子	43	MEMS 麦克风
	王凯	瑞声声学	35	MEMS 麦克风
	刘诗婧	歌尔	33	MEMS 麦克风
	王显彬	歌尔	33	MEMS 麦克风
	张睿	瑞声声学	32	MEMS 麦克风
	郑国光	歌尔	23	MEMS 惯性传感器
	孙晨	浙江芯动科技有限公司	8	MEMS 惯性传感器
	王志	四川知微传感技术有限公司	8	MEMS 惯性传感器
	王龙峰	四川知微传感技术有限公司	8	MEMS 惯性传感器
	闫文明	歌尔	13	MEMS 压力传感器
	郑国光	歌尔	12	MEMS 压力传感器
	刘同庆	无锡芯感智半导体有限公司	9	MEMS 压力传感器
	旷章曲	北京思比科微电子	96	CMOS 传感器设计
	赵立新	格科微电子	91	CMOS 传感器设计、测试
	郭同辉	北京思比科微电子	75	CMOS 传感器设计
	李杰	格科微电子	56	CMOS 传感器设计
	李文强	格科微电子	42	CMOS 传感器设计
	王建国	江苏多维科技	61	磁传感器
	薛松生	江苏多维科技	53	磁传感器
	周志敏	江苏多维科技	47	磁传感器
	沈卫锋	江苏多维科技	32	磁传感器
	刘乐天	深圳市速腾聚创	113	激光雷达
	邱纯鑫	深圳市速腾聚创	113	激光雷达
	向少卿	上海禾赛光电	76	激光雷达
	胡小波	深圳市镭神智能系统	67	激光雷达
	李新生	厦门澳仕达电子有限公司	19	超声波雷达
	陈武强	厦门澳仕达电子有限公司	17	超声波雷达
	何劲涛	厦门澳仕达电子有限公司	15	超声波雷达
	王雄	同致电子科技（厦门）有限公司	7	超声波雷达
	黄诚标	同致电子科技（厦门）有限公司	7	超声波雷达

技术	发明人	所属单位	相关专利申请量/件	擅长领域
制造	张海洋	中芯国际集成电路制造（上海）有限公司	911	芯片集成电路制造工艺
	钱文生	上海华虹宏力	500	芯片集成电路制造工艺
	周飞	中芯国际集成电路制造（上海）有限公司	470	芯片集成电路制造工艺
	周鸣	中芯国际集成电路制造（上海）有限公司	398	芯片集成电路制造工艺
	余振华	台积体	366	芯片集成电路制造工艺
	洪中山	中芯国际集成电路制造（上海）有限公司	344	芯片集成电路制造工艺
	陈玉文	上海华力微电子	320	芯片集成电路制造工艺
	韩秋华	中芯国际集成电路制造（上海）有限公司	306	芯片集成电路制造工艺
	郑超	中芯国际集成电路制造（上海）有限公司	98	MEMS制造工艺
	王伟	中芯国际集成电路制造（上海）有限公司	64	MEMS制造工艺
	毛剑宏	西安宜升光电科技有限公司	59	MEMS制造工艺
	康晓旭	上海集成电路研发中心	44	MEMS制造工艺
	闻永祥	杭州士兰集成电路有限公司	35	MEMS制造工艺
	刘琛	杭州士兰集成电路有限公司	34	MEMS制造工艺
	顾学强	上海集成电路研发中心有限公司	39	CMOS制造工艺
	霍介光	中芯国际集成电路制造（上海）有限公司	25	CMOS制造工艺
	杨建平	中芯国际集成电路制造（上海）有限公司	24	CMOS制造工艺
	高喜峰	豪威科技（上海）有限公司	17	CMOS制造工艺
封装	梁志忠	江苏长电	981	芯片集成电路封装
	王新潮	江苏长电	858	芯片集成电路封装
	林正忠	盛合晶微半导体（江阴）有限公司	391	芯片集成电路封装
	陈彦亨	盛合晶微半导体（江阴）有限公司	328	芯片集成电路封装
	余振华	台积体	305	芯片集成电路封装
	王之奇	苏州晶方半导体	280	芯片集成电路封装
	李维平	江苏长电	261	芯片集成电路封装
	陈锦辉	江阴长电先进封装	256	芯片集成电路封装
	赖志明	江阴长电先进封装	254	芯片集成电路封装
	石磊	通富微电子	246	芯片集成电路封装
	邓辉	格科微电子	11	CMOS传感器封装

续表

技术	发明人	所属单位	相关专利申请量/件	擅长领域
	龙吟	上海华力微电子	162	集成电路测试
	陈宏璘	上海华力微电子	154	集成电路测试
测试	倪棋梁	上海华力微电子	136	集成电路测试
	范荣伟	上海华力微电子	93	集成电路测试
	甘正浩	中芯国际集成电路制造（上海）有限公司	67	集成电路测试
	冯军宏	中芯国际集成电路制造（上海）有限公司	65	集成电路测试

2. 引进海外优秀人才或与其合作

海外华人是我国参与国际人才市场竞争、引进人才的独特优势，也是我国21世纪经济和科技发展可借助的重要人才资源。海外华人的引进人才要注重精准化、层次化、差异化、本土化、柔性化。要因地制宜根据需要引进人才，要在关注高端人才的同时更关注青年人才，要引导他们尽快适应中国国情，要有柔性的考核机制。表7-9列出了智能传感器领域优秀的海外人才，建议天津市优先引进或合作。

表 7-9 海外人才引进或合作列表

序号	发明人	所属单位	专利申请量/件	擅长领域
1	LIU, LIANJUN	恩智浦美国有限公司	67	MEMS 制造工艺
2	YU, LIANZHONG	霍尼韦尔	34	MEMS 制造工艺
3	LI, JIUTAO	美光科技	7	CMOS 制造工艺
4	XIE, RUILONG	格罗方德	377	芯片集成电路制造工艺
5	ZANG, HUI	格罗方德	147	芯片集成电路制造工艺
6	CAI, XIUYU	格罗方德	123	芯片集成电路制造工艺
7	MA, QING	英特尔公司	10	MEMS 封装
8	SHEN, JUN	施耐德电器工业公司	10	MEMS 封装
9	YANG, JICHENG	亚德诺	10	MEMS 封装
10	YANG, XIAO	明锐有限公司	10	MEMS 封装
11	XUE, XIAOJIE	亚德诺	9	MEMS 封装
12	YU, LIANZHONG	霍尼韦尔	8	MEMS 封装
13	GAO, JIA	亚德诺	7	MEMS 封装

序号	发明人	所属单位	专利申请量/件	擅长领域
14	GAO，GUILIAN	英闻萨斯有限公司	5	CMOS 封装
15	KUO，CHIYAO	半导体元件工业有限责任公司	5	CMOS 封装
16	LIN，YUSHENG	半导体元件工业有限责任公司	5	CMOS 封装
17	SHEN，HONG	英闻萨斯有限公司	5	CMOS 封装
18	WANG，LIANG	英闻萨斯有限公司	5	CMOS 封装
19	WU，WENGJIN	半导体元件工业有限责任公司	5	CMOS 封装
20	FAN，XIAOFENG	苹果公司	2	CMOS 封装
21	LEI，JUNZHAO	豪威科技	2	CMOS 封装
22	ZHAO，SAM ZIQUN	安华高科技股份有限公司	179	芯片集成电路封装
23	JIANG，TONGBI	美光科技公司	176	芯片集成电路封装
24	CHO，EUNG SAN	英飞凌	174	芯片集成电路封装
25	KUAN，HEAP HOE	史达晶片有限公司	173	芯片集成电路封装
26	LU，JUN	万国半导体股份有限公司	132	芯片集成电路封装
27	XUE，YAN XUN	万国半导体股份有限公司	118	芯片集成电路封装
28	LIN，MOU－SHIUNG	高通	105	芯片集成电路封装
29	LIU，KAI	万国半导体股份有限公司	104	芯片集成电路封装
30	HA，JONG－WOO	史达晶片有限公司	103	芯片集成电路封装
31	TAN，YAP－PENG	英特尔公司	13	传感器测试
32	ZHANG，HONG	大陆汽车有限公司	11	传感器测试
33	CHI，MEI－LI	高通	9	传感器测试
34	WEN，XIAOQING	美国华腾科技股份有限公司	33	芯片集成电路测试
35	WANG，LAUNG－TERNG	美国华腾科技股份有限公司	26	芯片集成电路测试

续表

序号	发明人	所属单位	专利申请量/件	擅长领域
36	JIANG, TONGBI	美光科技	24	芯片集成电路测试
37	CHAO, HAO – JAN	美国华腾科技股份有限公司	16	芯片集成电路测试
38	CHEN, CHIN – LONG	IBM	16	芯片集成电路测试
39	LIN, MENG – CHYI	美国华腾科技股份有限公司	15	芯片集成电路测试
40	BANG, JEONG – HO	三星电子	14	芯片集成电路测试
41	LIN, YIZHEN	恩智浦美国有限公司	11	压力传感器
42	TAI, YU – CHONG	加州理工学院	7	压力传感器
43	GU, LEI	马克司仪器公司	6	压力传感器
44	ZHANG, XIN	因文森斯公司	22	麦克风
45	SUN, JONG WON	东部高科	21	麦克风
46	ZHANG, YUJIE	博世	19	麦克风
47	王凯	瑞声声学	18	麦克风
48	CHEN, THOMAS	因文森斯公司	13	麦克风
49	LI, FENGYUAN	哈曼国际工业有限公司	13	麦克风
50	LIU, FANG	因文森斯公司	12	麦克风
51	DONG, JIANCHUN	谷歌有限责任公司	11	麦克风
52	YANG, KUANG L.	因文森斯公司	10	麦克风
53	ZHANG, XIN	亚德诺	25	惯性传感器
54	CHANG, DAVID T.	赫尔实验室有限公司	15	惯性传感器
55	SUN, CHENGLIANG	PGS 地球物理公司	15	惯性传感器
56	MAO, DULI	豪威科技	150	CMOS 传感器
57	QIAN, YIN	豪威科技	95	CMOS 传感器
58	JIN, YONG WAN	三星电子	79	堆栈式
59	DAI, TIEJUN	豪威科技	70	CMOS 传感器
60	CHEN, GANG	豪威科技	56	CMOS 传感器
61	FAN, XIAOFENG	苹果公司	54	CMOS 传感器
62	HAN, CHANG HUN	东部电子	53	CMOS 传感器

续表

序号	发明人	所属单位	专利申请量/件	擅长领域
63	HE, XINPING	豪威科技股份有限公司	48	CMOS 传感器
64	HWANG, JOON	豪威科技股份有限公司	43	CMOS 传感器
65	YANG, HONGLI	豪威科技股份有限公司	39	CMOS 传感器
66	HAN, CHANG HUN	豪威科技股份有限公司	38	CMOS 传感器
67	LI, XIANGLI	苹果公司	36	CMOS 传感器
68	YUN, YOUNG JE	豪威科技股份有限公司	33	CMOS 传感器
69	HWANG, JOON	豪威科技股份有限公司	31	CMOS 传感器
70	LIN, TSANN	国际商业机器公司	90	AMR、GMR、TMR 磁传感器
71	WANG, PO－KANG	海德威科技公司	41	AMR、GMR 磁传感器
72	LING, HANS	ABB 瑞士股份有限公司	13	AMR 磁传感器
73	SHI, XIZENG	海德威科技公司	23	AMR、GMR 磁传感器
74	GAO, ZHENG	希捷科技有限公司	23	AMR、GMR 磁传感器
75	MAO, SINING	希捷科技有限公司	22	GMR 磁传感器
76	LI, MIN	海德威科技公司	35	GMR、TMR 磁传感器
77	WANG, HUI－CHUAN	海德威科技公司	11	GMR 磁传感器
78	LI, JINSHAN	西部数据技术公司	8	GMR 磁传感器
79	TONG, RU－YING	海德威科技公司	8	GMR 磁传感器
80	WAN, HONG	霍尼韦尔国际公司	7	GMR 磁传感器
81	CHEN, LUJUN	希捷科技有限公司	6	GMR 磁传感器
82	CHEN, MAO－MIN	海德威科技公司	6	GMR 磁传感器
83	ZHAO, TONG	海德威科技公司	24	TMR 磁传感器
84	WANG, HUI－CHUAN	海德威科技公司	21	TMR 磁传感器
85	ZHANG, KUNLIANG	海德威科技公司	19	TMR 磁传感器
86	CHEN, YU－HSIA	海德威科技公司	12	TMR 磁传感器
87	LI, BODONG	阿卜杜拉国王科技大学	8	GMI 磁传感器
88	LI, YUANPENG	明尼苏达大学董事会	6	GMI 磁传感器
89	WANG, JIAN－PING	明尼苏达大学董事会	6	GMI 磁传感器
90	BAO, JUNWEI	赛视智能爱尔兰有限公司	40	激光雷达

序号	发明人	所属单位	专利申请量/件	擅长领域
91	LI，YIMIN	寰视智能爱尔兰有限公司	40	激光雷达
92	FENG，DAZENG	SILC TECHN	35	激光雷达
93	ZHANG，RUI	寰视智能爱尔兰有限公司	27	激光雷达
94	PEI，JUN	赛顿科技股份有限公司	25	激光雷达
95	CUI，YUPENG	VELODYNE LIDAR USA INC	21	激光雷达
96	SAI，BIN	霍尼韦尔	7	毫米波雷达
97	LING，CURTIS	最大线性股份有限公司	6	毫米波雷达
98	BAI，JIE	株式会社日立汽车工程	1	超声波雷达
99	BAO JINGJING	南卡罗来纳大学	1	超声波雷达

7.4 技术创新及引进路径

7.4.1 技术研发方向选择

通过分析天津市产业发展方向、整体态势、主要国家（地区、组织）申请热点、龙头企业研发热点、协同创新热点、新进入者热点及专利运用热点，帮助天津市企业定位技术研发方向。智能传感器技术研发方向如图7-2所示。

2018年天津市人民政府印发《新一代人工智能产业发展三年行动计划（2018—2020年）》，计划中提到突破光电传感器、图像传感器、激光雷达、力学传感器等关键技术，重点发展新型智能工业传感器，推进面向智能制造、无人系统、智能机器人等新兴领域的智能传感器产业化应用。积极发展低功耗、微型化的高端智能消费电子传感器，加强面向智能终端的生物特征识别、图像感知等传感器技术攻关，实现规模化生产。突破智能传感器关键核心技术，发展支撑新一代物联网的高灵敏度、高可靠性的智能传感器件。加强传感器材料、制造工艺和终端应用的产业链协同，提升智能传感器设计、加工制造、集

一级技术	二级技术	三级技术	天津市政策支持	整体申请趋势上升	主要国家/地区申请热点	龙头企业研发热点	协同创新热点	新进入者热点	专利运营热点				是否为天津市优先发展的技术方向
									诉讼	许可	转让	质押	
设计	MEMS传感器	压力传感器	☆									☆	
		麦克风	☆				☆	☆	☆		☆		√
		惯性传感器	☆			☆	☆			☆	☆	☆	√
	CMOS图像传感器	前照式（FSI）	☆		☆	☆			☆	☆	☆		√
		背照式（BSI）	☆		☆	☆				☆	☆		√
		堆栈式	☆	☆							☆	☆	
	磁传感器	AMR	☆			☆							
		GMR	☆			☆					☆	☆	
		TMR	☆			☆		☆					√
		GMI	☆	☆									
	激光毫米波/超声波雷达	激光雷达	☆	☆	☆			☆	☆				√
		毫米波雷达		☆				☆					
		超声波雷达		☆				☆					
	带处理器的传感器	压力传感器	☆	☆				☆					
		惯性传感器	☆										
		麦克风	☆					☆			☆		
		温度	☆	☆				☆		☆			
		流量	☆										
制造	MEMS制造工艺		☆		☆		☆		☆			☆	√
	CMOS制造工艺		☆	☆									
	芯片集成电路制造工艺		☆		☆	☆		☆	☆	☆	☆	☆	√
封装	MEMS传感器封装	器件级封装CSP	☆										
		圆片级封装WLP	☆			☆	☆						
		系统级封装SIP	☆	☆		☆	☆					☆	
	CMOS传感器封装		☆	☆									
	芯片集成电路封装	直插封装	☆										
		表面贴装－双边或四边引线封装	☆									☆	
		表面贴装－面积阵列封装	☆		☆			☆	☆	☆	☆	☆	√
		高密度封装	☆	☆				☆				☆	√
测试	传感器测试		☆	☆	☆		☆	☆					
	集成电路测试		☆	☆		☆						☆	

图 7－2　智能传感器技术研发方向

注：☆表示第五章分析出的热点方向。

成封装、计量检测等配套能力。2021 年天津市人民政府印发的《天津市科技创新三年行动计划（2020—2022 年)》中提到，重点支持高性能智能传感器技术。2021 年 2 月 7 日，天津市人民政府印发《天津市国民经济和社会发展第十四个五年规划和二〇三五年远景目标纲要》，指出：要推动高性能智能传感器关键技术攻关，强化芯片设计、高端服务器制造等优势，补齐芯片制造、封测、传感器等薄弱或缺失环节，建成"芯片—整机终端"基础硬件产业链，实现全链发展。

同时，MEMS 惯性传感器、前照式图像传感器、背照式图像传感器、激光雷达、TMR 磁传感器、MEMS 制造工艺、芯片集成电路制造工艺、表面贴装 –面积阵列封装、高密度封装是主要国家（地区、组织）、龙头企业、新进入者的申请热点，同时也是专利运营热点，说明上述技术是当前技术研发热点，技术应用价值较高，因此建议将上述技术作为天津市优先鼓励的技术研发方向。

7.4.2 技术创新发展路径

在 MEMS 惯性传感器技术领域，2019 年成立的美新半导体天津有限公司虽目前尚未形成明显影响力，但美新半导体有限公司是全球领先的惯性 MEMS传感器及解决方案提供商，其落地的美新半导体（无锡）有限公司已成为国内最大的 MEMS 惯性传感器公司，是少有的掌握核心技术且能够直接和国际巨头竞争的本土公司，且在 MEMS 惯性传感器设计和制造技术等方面均有技术积累。

磁传感器技术方向，天津引进了科大天工智能装备研究院人才，包括毛思宁、张超、万亚东、姜勇、张波等，成立了科大天工智能装备技术（天津）有限公司，2020 年 9 月该公司牵头组建智能装备（传感器）产业知识产权联盟。上述人才在磁传感器技术上具有多年研发经验，特别是毛思宁针对 TMR磁传感技术被誉为国际硬盘界的隧道磁阻 TMR "磁头之父"。因此在磁传感器技术方向可实现自主研发。

在芯片集成电路制造领域，2003 年中芯国际集成电路制造（天津）有限公司落户天津。在半导体及集成电路产业的制造领域中，该公司及其控股子公司是世界领先的集成电路晶圆代工企业之一。目前已在天津西青区建有200mm 晶圆厂，虽暂未形成明显影响力，但加大支持力度，围绕该公司做好产业配套，必将带动天津市智能传感器产业、集成电路产业的发展。

1. 引进人才，支持本地优势企业自主研发

建议给予上述企业资金和政策的专项支持，鼓励上述企业加大自主创新力

度，以高端发展为目标，培育其成长为全产业链型国际巨头：①通过基金支持、创业投资、贷款贴息、税收优惠等方式，大力扶持上述企业的创新活动，建立健全知识产权激励和知识产权交易制度，支持企业大力开发具有自主知识产权的关键技术，形成自己的核心技术和专有技术。②以重点项目为依托，增加财政支持基数，协调社会各方予以连续经费扶持和重点服务，确保龙头产业的技术创新成果掌握在自己手中，并促进其进一步规模化。③从天津市的发明人状况来看，在 MEMS 惯性传感器设计和制造、磁传感器设计、集成电路制造领域，并没有研发实力特别突出的发明人，因而，人才引进也是目前急需解决的问题。通过对各技术领域发明人的分析与比较，建议各技术领域可引进的国内科研人才见表 7 - 10，海外人才见表 7 - 11。

表 7 - 10　国内科研人才

序号	发明人	所属单位	专利申请量/件	擅长领域
1	王跃林	中国科学院上海微系统与信息技术研究所	114	MEMS 传感器、磁 AMR 传感器
2	廖小平	东南大学	126	MEMS 设计、制造工艺
3	张卫平	上海交通大学	67	MEMS 设计、制造、封装
4	李昕欣	中国科学院上海微系统与信息技术研究所	66	MEMS 传感器设计、制造
5	熊斌	中国科学院上海微系统与信息技术研究所	65	MEMS 制造工艺
6	黄庆安	东南大学	51	MEMS 传感器设计、制造、封装
7	陈文元	上海交通大学	50	MEMS 加速度计
8	崔峰	上海交通大学	24	MEMS 惯性传感器设计
9	赵玉龙	西安交通大学	16	MEMS 设计
10	刘云峰	清华大学	16	MEMS 惯性传感器设计
11	张文栋	中北大学	12	MEMS 传感器
12	蒋庄德	西安交通大学	10	MEMS 传感器
13	苑伟政	西北工业大学	9	压力传感器
14	赵立波	西安交通大学	8	MEMS 设计
15	张大成	北京大学	8	MEMS 压力传感器
16	乔东海	清华大学	4	麦克风
17	冷群文	北京航空航天大学青岛研究院	3	麦克风

续表

序号	发明人	所属单位	专利申请量/件	擅长领域
18	汪辉	中国科学院上海高等研究院	36	前照式（FSI）CMOS 传感器
19	田犁	中国科学院上海高等研究院	34	前照式（FSI）CMOS 传感器
20	吴南健	中国科学院半导体研究所	10	CMOS 制造工艺、前照式 CMOS 传感器设计
21	方娜	中国科学院上海高等研究院	10	前照式、背照式、堆栈式 CMOS 传感器
22	余宁梅	西安理工大学	6	背照式（BSI）CMOS 传感器
23	孙清清	复旦大学	6	CMOS 传感器设计、制造
24	张卫	复旦大学	6	背照式 CMOS 传感器
25	陈琳	复旦大学	6	堆栈式 CMOS 传感器
26	李德才	北京交通大学	31	磁传感器
27	温殿忠	黑龙江大学	19	磁传感器
28	卞雷祥	南京理工大学	14	磁传感器
29	韩秀峰	中国科学院物理研究所	13	磁电阻磁敏传感器
30	刘明	西安交通大学	7	AMR 传感器
31	胡忠强	西安交通大学	7	AMR 传感器
32	张怀武	电子科技大学	5	AMR 传感器
33	钟智勇	电子科技大学	5	AMR 传感器
34	唐晓莉	电子科技大学	4	AMR 传感器
35	张斌珍	中北大学	8	TMR 传感器
36	牛智川	中国科学院半导体研究所	8	TMR 传感器
37	薛晨阳	中北大学	8	TMR 传感器
38	李志锋	中国科学院上海技术物理研究所	7	TMR 传感器
39	倪海桥	中国科学院半导体研究所	6	TMR 传感器
40	雷冲	上海交通大学	7	GMI 传感器
41	文玉梅	上海交通大学	6	GMI 传感器

表 7-11　海外人才

序号	发明人	所属单位	专利申请量/件	擅长领域
1	MAO, DULI	豪威科技	150	CMOS 传感器
2	戴幸志	豪威科技	102	CMOS 传感器

序号	发明人	所属单位	专利申请量/件	擅长领域
3	QIAN, YIN	豪威科技	95	CMOS 传感器
4	JIN, YONG WAN	三星电子	79	堆栈式
5	DAI, TIEJUN	豪威科技	70	CMOS 传感器
6	CHEN, GANG	豪威科技	56	CMOS 传感器
7	FAN, XIAOFENG	苹果公司	54	CMOS 传感器
8	HAN, CHANG HUN	东部电子股份有限公司	53	CMOS 传感器
9	HE, XINPING	豪威科技	48	CMOS 传感器
10	HWANG, JOON	豪威科技	43	CMOS 传感器
11	YANG, HONGLI	豪威科技	39	CMOS 传感器
12	LI, XIANGLI	苹果公司	36	CMOS 传感器
13	YUN, YOUNG JE	豪威科技	33	CMOS 传感器
14	HWANG, JOON	豪威科技	31	CMOS 传感器
15	LIN, TSANN	IBM	90	AMR、GMR、TMR 磁传感器
16	WANG, PO－KANG	海德威科技公司	41	AMR、GMR 磁传感器
17	LING, HANS	ABB	13	AMR 磁传感器
18	SHI, XIZENG	海德威科技公司	23	AMR、GMR 磁传感器
19	GAO, ZHENG	希捷科技有限公司	23	AMR、GMR 磁传感器
20	MAO, SINING	希捷科技有限公司	22	GMR 磁传感器
21	LI, MIN	海德威科技公司	35	GMR、TMR 磁传感器
22	WANG, HUI－CHUAN	海德威科技公司	11	GMR 磁传感器
23	LI, JINSHAN	西部数据技术公司	8	GMR 磁传感器
24	TONG, RU－YING	海德威科技公司	8	GMR 磁传感器
25	WAN, HONG	霍尼韦尔	7	GMR 磁传感器
26	CHEN, LUJUN	希捷科技有限公司	6	GMR 磁传感器
27	CHEN, MAO－MIN	海德威科技公司	6	GMR 磁传感器
28	ZHAO, TONG	海德威科技公司	24	TMR 磁传感器
29	ZHANG, KUNLIANG	海德威科技公司	19	TMR 磁传感器
30	CHEN, YU－HSIA	海德威科技公司	12	TMR 磁传感器
31	LI, BODONG	阿卜杜拉国王科技大学	8	GMI 磁传感器
32	LI, YUANPENG	明尼苏达大学董事会	6	GMI 磁传感器
33	WANG, JIAN－PING	明尼苏达大学董事会	6	GMI 磁传感器

2. 委托研发或联合研发

CMOS 图像传感器设计技术方向，天津市企业实力较弱，天津大学在该技术方向优势较大，集中了一批该技术方向的研发人才，如徐江涛、高静、史再峰、姚素英、聂凯明等，企业可通过委托研发或联合研发的方式，通过产学研合作开展该技术方向的研发。政府应鼓励大学、科研机构向企业开放科研设施，建立国家支持的公共科技成果、国家重点实验室、工程中心向企业和社会开放的共享制度等，鼓励企业与大学、科研机构建立长期合作关系，加强产学研联合，鼓励各类科技中介机构面向企业开展服务，积极推进公共服务平台建设，支持企业采取联合出资、共同委托等方式进行合作研发等，为企业充分利用好多方面科技资源和实现自主创新开辟更多的有效途径，尽快形成以企业为主体的自主创新的体系。

3. 技术引进——引进先进技术，快速提升自身实力

天津市在激光雷达、表面贴装－面积阵列封装、高密度封装技术上比较薄弱，可作为天津市突破点，在缺失的细分领域引入优势企业，尤其是优势企业，在业内逐渐形成天津市的智能传感器产业特色，提高天津市在智能传感器行业中的知名度和话语权。建议重点引进的优势企业见表 7 - 12。

表 7 - 12　重点引进的优势企业名单

技术	企业简称	申请量/件
激光雷达	博世	445
	深圳市速腾聚创	269
	WAYMO LLC	153
	通用汽车	128
	上海禾赛光电	183
	LUMINAR TECHNOLOGIES, INC.	79
	VELODYNE LIDAR	77
	深圳市镭神智能系统	85
	威力登激光雷达	71
	北京万集科技	71
	北醒（北京）光子科技	61

技术	企业简称	申请量/件
表面贴装－面积阵列封装、高密度封装	三星电子	11 010
	台积电	3909
	SK 海力士	3507
	日月光	3446
	英特尔	2864
	LG	2806
	矽品精密	2238
	京瓷	2070
	日立化成	1709
	美光科技	1622

建议天津市对欲引入的企业和项目通过知识产权分析评议来保驾护航，开展技术定位分析、商业价值判断、法律尽职调查等专项项目，确定拟引进的企业；根据天津市的实际情况及需求选择最合适的技术引进路径并加以落实。避免低水平重复建设、避免知识产权侵权风险、避免人才引进纠纷等，提高创新管理效率。

7.5　专利布局及专利运营路径

7.5.1　专利布局路径

相对于上海、北京、江苏等地区，天津在智能传感器产业链各环节的专利申请量明显落后，核心专利较少，专利价值较低。

（1）将研发实力和专利基础较好的迈尔森电子（天津）有限公司、美新半导体天津有限公司、中芯国际集成电路制造（天津）有限公司作为重点培育对象，开展高价值专利培育专项项目，并利用中国（天津）知识产权保护中心，建立智能传感器高价值专利预先审查绿色通道，快速确权，从而着力培育一批知识产权数量、质量较高，知识产权综合实力较好，知识产权市场竞争优势基本形成，具有一定影响力的知识产权优势和示范企业。

（2）对于具有一定研发基础和专利基础的天津安泰微电子技术有限公司、天津杰泰高科传感技术有限公司、中环天仪股份有限公司、鼎佳（天津）汽车电子有限公司、宜科（天津）电子有限公司、天津环鑫科技发展有限公司、天津三安光电有限公司、天津津泰锝科技有限公司、天津智安微电子技术有限公司，引导其加强与专业机构的合作，开展企业微观专利导航，依托其自身技术和专利，有针对性地进行企业专利微导航，分析细分领域技术的现状和趋势，了解本企业的技术水平和竞争对手的新技术，对技术发展的痛点和难点进行突破，进行相关专利布局，根据专利现状选择相应的知识产权战略，通过专利运营扩大市场份额。

（3）制定智能传感器高价值专利评价指标，对高价值专利进行筛选和识别，利用已建立的智能传感器知识产权联盟，筛选并收储国内外智能传感器产业高价值专利，扩充智能传感器专利池，实现专利的交叉许可，或者相互优惠使用彼此的专利技术，可以快速提升技术，并提高企业竞争能力。此外，加强联盟与专业服务机构的合作，以帮助联盟内企业获得专业的知识产权获取、保护、运营以及分析评议等知识产权相关的服务，能够在更高层次的范围内实现信息、资源共享和交流，从而推动天津市智能传感器产业的整体发展。

7.5.2 专利运营路径

根据第6.5节天津市智能传感器产业专利运营实力定位分析结果，可知天津市在专利运营整体活跃度不高，主要存在以下问题：

（1）从专利运营数量上看，测试领域为专利运营弱点，专利数量总和仅为个位数。

（2）从运营方式上看，主要以转让为主，其他方式的专利运营数量均为个位数。

（3）从运营主体上看，高校及科研机构参与度低，运营主体数量仅为10个，且主要采用转让、许可的方式，运营积极性不高。

（4）从运营实力及潜力上看，与其他对标城市相比，天津排名最后。天津市在专利质量上略差，专利运营潜力有限，在整体数量及质量上都处于弱势，专利运营存在一定困难。

考虑到以上问题，建议天津市专利权人可以考虑通过特色产业聚集区、联盟等方式形成产业聚合，实现协同运营，以解决专利权人个体运营困难的问题，通过政府加第三方服务机构的方式，为专利权人提供运营助理，以解决运营积极性不高的问题，达到促进科技成果转化、推动智能传感器产业发展的目的。

专利运营路径详细建议如下。

（1）构建知识产权特色产业园区建设新模式。高效利用现有磁敏产业知识产权示范区，贯彻"政、产、学、研、金"五位一体的协同创新原则，以打造传感器产业垂直细分领域产业链为目标，通过综合性的全产业链知识产权运营，将政府支持政策、产业需求和市场驱动、人才资源、尖端技术、研究中心、金融资源有机结合，产业聚集升级、创新驱动发展，进一步促进科技成果的产生和转化的良性循环，通过专利授权、技术入股等形式孵化和培育本地企业，真正实现科技成果落地转化、引领天津市产业升级、助力智能传感器产业发展。

（2）建立智能传感器联盟。通过知识产权联盟，协助产业联盟成员间的技术共享与合作，促进产业规模化发展；并促进知识产权许可、交易等知识产权运营工作的开展，强化产业知识产权维权、诉讼等工作。高效利用专利池，为提升知识产权运用能力及应对国内外潜在的风险提供基础，提高天津市产业声誉。

（3）建设科技成果转化与知识产权运营服务平台。围绕智能传感器产业，以知识产权大数据应用及知识产权运营为特色，通过构建知识产权服务平台，同时利用现有线上平台（如国家知识产权运营公共服务平台、华北知识产权运营网、东丽区专利综合服务平台、创客 IP 等），针对知识产权托管、价值分析、交易转化及质押融资等开展工作，促进智能传感器产业专利技术转化，真正助力区域产业发展。

（4）打造知识产权金融创新产品。鼓励机构与银行达成知识产权质押、投贷联动等战略合作，打造知识产权金融创新产品（如"智德宝"），将知识产权运营与金融资本进行深度融合，解决科技创新型企业转型升级发展融资难的问题，实现促进科技成果资本化的目的。

（5）重点遴选智能传感器产业链中设计、制造及下游应用领域中的优质企业，开展高价值专利培育，并形成长效的高价值专利培育模式。此外，遴选行业优质企业作为拟上市企业，联合知识产权运营机构、上市辅导机构等，进行重点培育和辅导，培育行业龙头企业。

7.6　政策建议

为促进智能传感器产业快速发展，多个省（自治区、直辖市）发布支持政策，如上海嘉定全力推进上海智能传感器产业园建设，2019 年 12 月印发《嘉定区进一步鼓励智能传感器产业发展的有关意见》，发布 39 条举措，通过顶层设计发力，推动智能传感器上、中、下全产业链健康发展。其给予政策支持的范围涵盖鼓励企业投融资、支持企业降低成本、支持企业研发创新、支持企业规模发展、鼓励人才集聚、加强合作交流六方面，企业从注册到项目落地再到后期发展的所有环节，均有优惠政策支持。苏州工业园提供产业促进优惠（所得税、增值税、营业税、扶持和奖励、知识产权）、人才吸引优惠（购房补贴、优惠租房、薪酬补贴、博士后补贴、专项补助、落户、入学、出入境便利、人民币汇兑、后勤服务）、租金优惠、科技经费、投融资支持、园区独特的公积金政策、上市公司特别扶持、科技领军计划等优惠政策。

天津市在智能传感器产业暂未推出专项扶持政策，根据天津市产业发展特点，建议立足产业基础优势、聚焦发展短板问题、系统研判产业动态趋势，分别在重点企业培育、金融税收、奖励补贴、产业人才几个方面给予产业发展政策支持和资源倾斜。

（1）企业落户政策。

天津市目前智能传感器产业在制造、封装、测试环节存在明显缺失，产业链不完整，相关企业较少，未形成产业聚焦，首要任务是瞄准国内外知名企业，引入传感器产业国内外实力较强的企业，完善产业链，激活产业集群的竞争，不断壮大产业规模。建议对落户天津市的智能传感器相关企业，经认定后优先予以供地、过渡厂房的支持；购买区内土地用于生产、办公的，视其项目情况给予优惠地价；购买自用生产、办公用房的，按购置价的给予购置补贴；租赁生产、办公用房的，予以减免或补贴。

（2）企业培育政策。

天津市拥有中芯国际集成电路制造（天津）有限公司、美新半导体天津有限公司、迈尔森电子（天津）有限公司；东丽区科大天工智能装备研究院在智能传感器领域拥有李建华、毛思宁、张波等高层次人才。但整体天津市在智能产业链企业规模普遍较小，需要加大对龙头骨干企业的培育力度，应着力引进投资规模大、带动能力强、辐射范围广的重大龙头项目及科技含量高、填补产业链空白的关键环节项目。对于要重点培育的企业，建议天津市给予基地建设、原材料采购、设备引进等方面的重点扶持。

对开展智能传感器关键设备、核心材料、先进工艺等技术研发和产品攻关，并达到国际和国内先进水平的培育企业或项目，经认定后给予一定政策倾斜，鼓励相关企业建立企业技术中心、研发中心、联合实验室，积极促进企业与高校、科研院所围绕智能传感器、集成电路产业，以委托研发、联合攻关等形式紧密开展产学研合作。

在重大项目申报、企业资质方面加大资助奖励，可以采取一企一策、一事一议的方式给予支持，鼓励企业申报国家级和市级各类重大研发、技术创新、产业化、技术改造等项目和认定，按具体项目要求足额配套扶持资金。

（3）产业人才政策。

针对天津市智能传感器产业人才数量、尤其是领军人才数量不足，在MEMS传感器、激光雷达、智能传感器、芯片集成电路制造、测试等薄弱环节技术创新人才紧缺的情况，建议加大对领军人才的引进力度，给予安居、就学、就医等绿色通道服务，针对领军人才建立有竞争力的薪酬体系，在职称评定、公租房、子女入园入学工作、住房公积金贷款等方面提供政策支持，全面做好人才服务保障。

充分挖掘国内外高校、科研院所及企业的顶尖专家和优秀人才及团队，通过人才引进、研发合作、投资创业等多样化方式丰富充实技术创新人才梯队，为天津市智能传感器产业的长远发展提供人力资源支撑。

（4）知识产权政策。

鉴于天津市在智能传感器领域，存在中芯国际集成电路制造（天津）有限公司、美新半导体天津有限公司、迈尔森电子（天津）有限公司、科大天工智能装备研究院等优质企业，建议将这些优质企业作为重点培育企业，开展高价值专利培育，加强重点前沿方向和新兴领域的专利布局，着力培育一批知识产权数量和质量较高、知识产权综合实力较好的企业。

强化对智能传感器产业的知识产权保护，制定专项知识产权保护制度，加大对集成电路布图设计专有权的保护力度，充分发挥中国（天津）知识产权保护中心作用，构建行业的知识产权协同运行机制，为天津市相关企业提供知识产权纠纷应对及援助服务。

附录　申请人名称缩略表

申请人或专利权人名称	缩略名称
霍尼韦尔国际公司	霍尼韦尔
西门子公司	西门子
罗伯特·博世有限公司	博世
意法半导体股份有限公司	意法半导体
ABB（瑞士）股份有限公司	ABB
欧姆龙株式会社	欧姆龙
飞思卡尔半导体公司	飞思卡尔
PCB Piezotronics, Inc.	PCB
Measurement Specialties, Inc.	MEAS
三星电子株式会社	三星电子
爱思开海力士有限公司	SK 海力士
台湾积体电路制造股份有限公司	台积电
联华电子股份有限公司	联华电子
中芯国际集成电路制造（上海）有限公司	中芯国际
中芯国际集成电路制造（北京）有限公司	
中芯国际集成电路制造（天津）有限公司	
中芯国际集成电路制造（深圳）有限公司	
中芯国际集成电路新技术研发（上海）有限公司	
中芯集成电路（宁波）有限公司	
上海华虹宏力半导体制造有限公司	上海华虹宏力
江苏长电科技股份有限公司	江苏长电
松下电器产业株式会社	松下
电装株式会社	电装
三菱电机株式会社	三菱电机

续表

申请人或专利权人名称	缩略名称
日本特殊陶业株式会社	日本特殊陶业
株式会社日立制作所	日立
株式会社东芝	东芝
皇家飞利浦有限公司	飞利浦
株式会社村田制作所	村田制作所
罗斯蒙特航天公司	罗斯蒙特
TDK 株式会社	TDK
株式会社山武	山武
通用电气公司	通用汽车
日本碍子株式会社	NGK
阿尔卑斯电气株式会社	阿尔卑斯电气
国际商业机器公司	IBM
格罗方德半导体公司	格罗方德
应用材料股份有限公司	应用材料
东部电子股份有限公司	东部电子
富士通株式会社	富士通
英飞凌科技股份有限公司	英飞凌
信越半导体株式会社	信越半导体
LG 电子株式会社	LG
日月光半导体制造股份有限公司	日月光
英特尔公司	英特尔
矽品精密工业股份有限公司	矽品精密
京瓷株式会社	京瓷
美光科技公司	美光科技
日本电气工程株式会社	日本电气
德克萨斯仪器股份有限公司	德州仪器
百慕达南茂科技股份有限公司	南茂科技
上海华力微电子有限公司	上海华力微电子
瑞萨电子株式会社	瑞萨电子
爱德万测试股份有限公司	爱德万测试

续表

申请人或专利权人名称	缩略名称
豪威科技股份有限公司	豪威科技
台湾楼氏电子工业股份有限公司	楼氏
歌尔股份有限公司	歌尔
力成科技股分有限公司	力成科技
瑞声声学科技（深圳）有限公司	瑞声声学
长江存储科技有限责任公司	长江存储
无锡华润上华科技有限公司	华润上华
上海先进半导体制造股份有限公司	上海先进半导体
上海集成电路研发中心有限公司	上海集成电路研发中心
深圳方正微电子有限公司	深圳方正微电子
北大方正集团有限公司	北大方正集团
武汉新芯集成电路制造有限公司	武汉新芯集成电路
华进半导体封装先导技术研发中心有限公司	华进半导体
通富微电子股份有限公司	南通富士通微电子
中芯长电半导体（江阴）有限公司	中芯长电半导体
苏州晶方半导体科技股份有限公司	苏州晶方半导体
华天科技（西安）有限公司	华天科技（西安）
展晶科技（深圳）有限公司	展晶科技（深圳）
江阴长电先进封装有限公司	江阴长电先进封装
荣创能源科技股份有限公司	荣创能源科技
联发科技股份有限公司	联发科技
上海华岭集成电路技术股份有限公司	上海华岭集成电路
上海华力集成电路制造有限公司	上海华力集成电路
鸿海精密工业股份有限公司	鸿海精密工业
NXP 股份有限公司	NXP
苏州浪潮智能科技有限公司	苏州浪潮智能科技
英业达股份有限公司	英业达
应美盛股份有限公司	INVENSENSE
美国亚德诺半导体公司	亚德诺
索尼公司	索尼
东部高科股份有限公司	东部高科

申请人或专利权人名称	缩略名称
富士胶片株式会社	富士胶片
佳能株式会社	佳能
阿莱戈微系统有限责任公司	阿莱戈微系统
旭化成电子株式会社	旭化成电子
深圳市速腾聚创科技有限公司	深圳市速腾聚创
上海禾赛光电科技有限公司	上海禾赛光电
深圳市镭神智能系统有限公司	深圳市镭神智能系统
通用汽车公司	通用汽车
伟摩有限责任公司	WAYMO
VELODYNE LIDAR USA, INC.	VELODYNE LIDAR
高通股份有限公司	高通
松下电工株式会社	松下电工
日立化成工业株式会社	日立化成
罗斯蒙德公司	罗斯蒙德
精工爱普生株式会社	精工爱普生
科洛司科技有限公司	科洛司科技
美格纳半导体有限公司	美格纳半导体
东部亚南半导体株式会社	东部亚南半导体
INTELLECTUAL VENTURES I LLC	智慧投资
武汉华星光电技术有限公司	武汉华星光电
共达电声股份有限公司	共达电声
钰太芯微电子科技（上海）有限公司	钰太芯微电子
德淮半导体有限公司	德淮半导体
格科微电子（上海）有限公司	格科微电子
北京思比科微电子技术股份有限公司	北京思比科微电子
成都微光集电科技有限公司	成都微光集电科技
江苏多维科技有限公司	江苏多维科技
日立环球储存科技荷兰有限公司	日立环球储存科技
北京万集科技股份有限公司	北京万集科技
北醒（北京）光子科技有限公司	北醒（北京）光子科技
北京北科天绘科技有限公司	北京北科天绘科技

续表

申请人或专利权人名称	缩略名称
上海兰宝传感科技股份有限公司	上海兰宝传感科技
汉威科技集团股份有限公司	汉威科技
通富微电子股份有限公司	通富微电子
盛合晶微半导体（江阴）有限公司	盛合晶微半导体
新光电气工业株式会社	新光电气
丰田自动车株式会社	丰田自动车
关西电力株式会社	关西电力
剑桥大学技术服务有限公司	剑桥大学技术服务
本田技研工业株式会社	本田技研工业
日本电波工业株式会社	日本电波
安立股份有限公司	安立股份
三星 SDI 株式会社	三星 SDI
博世汽车服务解决方案公司	博世汽车服务
毕晓普创新有限公司	毕晓普创新
亚库斯提卡股份有限公司	亚库斯提卡
基斯特勒控股公司	基斯特勒
北京北方华创微电子装备有限公司	北方华创